기후위기시대

굿바이 남도풀꽃

김영선 지음

상상창작소 봄

차
례

1부. 철따라 만나는 남도풀꽃(30종)

1장
봄

2부. 보호지역의 남도풀꽃 (40종)

/

남도 풀꽃 나무와
눈 맞춰 이야기 나누는 사람

　몇 년 전 가을, 하루하루를 눈코 뜰 새 없이 바쁘게 사는 김영선 박사와 약속을 잡았다. 무등에서 나온 도랑의 물줄기가 메마른 도시를 적시며 돌아가는 나지막한 산언저리, 황금빛으로 불타오르는 은행나무 밑에서 만나 궁기에 절은 삶의 편린들이 묻어나는 발산마을 골목길을 함께 걸었다. 구름 한 점 없이 맑은 하늘은 무장무장 높아져 한량없는 품을 내주었다.

　남쪽 바다 작은 섬마을에서 나 도시로 나온 이력이 같은 터라 그 가을 한나절 다닥다닥 붙은 좁다란 골목길에서 나누었던 이야기들이 더 시리고 아팠다. 끝없이 이어진 골목길이 헛헛한 가난의 길목인 것 같아 자꾸 허청거렸다. 광주천 건너 방직공장에서 일하러 다녔던 누이들의 피땀 어린 삶의 터무니가 켜켜이 쌓인 곳이어서 더 그랬을 것이다. 그렇게 가난한 이들을 위한 목회를 하던 목사님을 따라 이곳에 들어와 동네 아이들을 챙기며 살던 스무 살 섬처녀는 어느새 오십을 넘긴 중년이 되었다.

　"배가 무척 고팠어요. 방과 후에 아이들을 돌볼라치면 허기가 져 허리도 안 펴졌어요. 목소리도 기어들어 갔죠. 그럴 때 친절한 주인아저씨 배려로 슈퍼마켓에 들어가서 밥통에 해놓은 밥을 퍼서 먹곤 했지요. 그때 그 따순 밥 한 그릇이 배고픈 시절을 견디게 했어요. 시디신 김치도 얼마나 맛있었는지 몰라요."

　그 골목과 이어져 있는 양동시장 사람들은 1980년 5월에 '주먹밥'을 만들어 나누었다. 그 곁에서 눈 푸른 젊은 시절을 보낸 그도 삶의 터무니를 그렸던 나눔과 사람에 대한 따뜻한 연대를 몸에 깊이 새겼으리라. 바닥을 치고도 기어이 일어서고야 마는 민초들과 함께한 뚝심이 그의 삶 속에 한몫하고 있을 것이다.

김영선 박사는 지역에서 늘 당당하고 의연하게 지속가능한 공동체를 위한 목소리를 내는 귀한 사람이다. 시대 아픔에 나 몰라라 하지 않고 살아오고 있다. 환경과 생태를 일깨우는 시민운동의 맨 앞줄에서 맨몸으로 부대끼면서도 공부를 놓지 않고 일가를 이뤘다. 시민운동가에서 청년들을 가르치는 교수로, 물순환 도시로 바꾸는 정책을 이끌어내고 습지생태계와 무등산을 지키는 지역 환경단체의 대표로, 또 산과 들, 바다를 넘나드는 현장전문가로 살고 있다. 무등산과 지리산, 다도해와 남해, 서해, 동해를 마다하지 않고 활동을 펼쳐오고 있다.

이번에 펴내는 『굿바이 남도풀꽃』도 아무나 할 수 없는 소중한 작업의 결과물이다. 자신을 닮은 남도 꽃과 나무들을 찾아내 기록하고 있는 첫 '보고서'다. 환경운동을 해오던 생태학자로서 기후변화로 인해 더 힘든 삶을 살아내고 있는 풀꽃을 지켜보는 일은 누구보다 안타깝고 힘들 것이다. 촘촘한 생태그물망 속에서 식물들이 제 역할을 다하는 것을 지켜본다. 그리고 그들이 힘겹게 살아내는 것을 정직하게 기록한다.

힘겨운 삶일수록 그 안으로 흐르는 온기와 정은 더 뜨겁다는 것을 알고 있는 김영선 박사의 따스한 시선으로 기록한 『굿바이 남도풀꽃』은 간결하고 설득력 있다. 마음이 열린 이들에게 남도풀꽃을 키우는 남도 생태계에 대해 적절히 간을 맞춰 설명해주고 있다. 이 책이 기후위기시대에 남도풀꽃 보고서로서 선구자 역할을 했으면 한다. 씨앗이 애써 고른 자리를 떠나지 않고 제 생명을 다하는 것처럼 남도풀꽃이 전하는 위대한 나눔과 사랑의 이야기가 곱게 새끼를 쳐서 이어지기를 희망한다.

김경일
시인, 사단법인 푸른길 이사장

/

식물자원의 보물창고를 지켜온
남도풀꽃을 위해

전라남도는 해발 1,734m의 반야봉이 있는 지리산국립공원, 무등산국립공원, 다도해해상국립공원을 품어 매우 다양한 환경을 지니고 있습니다. 우리나라 섬 중 64%의 유인도 271개, 무인도 1,885개 등 총 2,165개의 섬과 6,743km의 해안선이 펼쳐져 있습니다. 또 남도에는 정부가 천연기념물로 지정해 엄격하게 관리하는 수림지나 희귀식물 등도 총 83건으로 14.4%가 있습니다. 이런 점에서 남도는 우리나라 식물자원의 최대 보물창고입니다.

1980년대 중반 완도에서 처음 찾아낸 '완도호랑가시나무'나 흑산도에서 찾아낸 '흑산도비비추'는 세계적으로 큰 사랑을 받는 종입니다. 이에 더해 최근에 찾아낸 통조화는 남도에 사는 식물의 가치와 의미를 보여주는 대표적인 사례입니다.

1992년에 체결한 「생물다양성협약」은 자연생태계나 식물을 지키는 중요성을 더욱 강조합니다. 그러나 귀중한 자연생태계나 식물 자생지의 훼손이 전국 각지에서 빈번하게 일어나고 있음은 매우 안타까운 일입니다. 이를 지키는 일은 관련학자나 관련 정부 부처의 노력만으로는 결코 이뤄낼 수 없습니다. 오히려 국민의 자발적인 노력이 더해질 때 생태계나 식물의 '진정한 보전'을 이룰 수 있습니다.

늘 어려운 여건에서도 남도지역의 생물다양성 보전과 일반인 및 전공자 교육에 불철주야 노력하는 김영선 박사가 그간 조사하고 연구해왔던 남도의 멸종위기종, 고유종, 희귀식물 등을 선별해 『굿바이 남도풀꽃』으로 펴냈습니다.

우리가 전통적으로 이용해온 식물과 이 희귀식물들의 삶터가 크게 위협 받고 있습니다. 이들을 지키기 위한 사람들의 적극적인 관심은 곧 인간과 자연이 더불어 살아가는 우리 모두를 지키는 일입니다. 이렇게 그 어느 때보다 우리들의 노력과 자연에 대한 감사함과 관심이 필요한 때입니다. 이 책은 남도의 귀중한 식물을 계절과 보호지역 중심으로 소개하고 있습니다. 이 책 발간을 계기로 우리 주변에 살아가는 식물에게 다시 한번 관심과 애정을 기울일 수 있기를 기대합니다. 이에 일반인이 매우 알기 쉽게 정리한 『굿바이 남도풀꽃』을 적극 추천하며, 김영선 박사의 노고에 큰 찬사와 격려를 보냅니다.

김용식
영남대학교 조경학과 명예교수 · (전) 천리포수목원 원장

추천사

/

기후위기시대,
자연과 공존을 생각해보는 계기가 되길

한·일 월드컵이 열리던 2002년 여름. 온 국민들은 거리로 쏟아져 나와 한국축구대표팀을 응원하느라, 나와 김영선 박사는 남도의 들녘을 누비며 자연다큐멘터리 프로그램을 제작하느라 모두가 바쁜 나날을 보냈습니다.

프로그램의 제목은 〈풀순 아줌마의 아름다운 세상〉, "나무와 새가 살 수 없는 세상에서는 인간도 살 수 없다"고 굳게 믿고 있는 한 아줌마 환경운동가의 '풀'빛 '순'수한 꿈이 주요 내용인, '생태·인물·자연다큐멘터리'였습니다.

산과 들에 흐드러진 온갖 풀, 꽃, 나무들의 이름과 생태에 대해 막힘없이 설명해주던 '풀순 아줌마' 김영선 박사의 열정적인 모습이 아직도 눈에 선합니다.

취재를 하면서 나무 몸통에 청진기를 대고 뿌리에서 끌어올린 수액이 나무 가지로 치고 올라가는, '쏴-'하는 소리도 직접 들어봤는데 지금 생각해도 참으로 놀라운 경험이었습니다. 듣고 있으면 마치 '아! 세상 모든 생명이 이렇게 열심히들 살아가는구나!' 하는 생각이 듭니다.

그 풀꽃 박사님이 『굿바이 남도풀꽃』이라는 제목처럼 정겨우면서도 한편으론 안타까운 마음이 드는 이 책을 세상에 내어놓습니다. 누구보다 자연을 사랑하고,

풀, 꽃, 나무를 자식처럼 살피고 연구해온 김영선 박사의 그간의 노고에 감사와 경의를 표합니다.

책에 소개된 70여 종 식물들의 신상명세와 사진들은 저자가 지난 수십 년 동안 지리산, 무등산, 월출산, 다도해 등 남녘의 산하를 밤낮없이 발로 뛰며 기록한 소중한 결과물들입니다. 더군다나 책에 실린 생명들이 하나같이 멸종위기종, 고유종, 희귀식물들이라니 그 의미 또한 각별합니다.

지구온난화에 따른 기후변화로 지구상의 뭇 생명들이 힘겨운 나날을 보내고 있습니다. 『굿바이 남도풀꽃』, 이 한 권의 책을 통해 다양한 식물들의 생태를 새롭게 발견하고, 더 나아가 자연과 인간의 공존에 대해 골똘히 생각해보는 귀한 계기가 되길 기대해봅니다.

박태명
전 KBC 광주방송 PD

자연을 닮아야 살 수 있다

아무도 내 곁에 없었다. 가슴은 숨을 쉴 수 없을 만큼 아팠다. 외할머니집 현관문 옆방에서 난 홍역을 치르느라 혼자 죽을 듯이 앓아누워 있었다. 문밖에선 차가운 바람이 문풍지를 잉잉 울리며 지나가고 있었다. 문득 나는 찬 바람을 쐬고 싶었다. 무슨 힘이 생겼던지 간신히 네발로 마당을 기어 다녔다. 이 일이 있고 난 후 나는 폐결핵을 진단받아 초등학교 입학을 해놓고 2년간 학교에 다니지 못했다. 1970년대 당시 폐결핵은 '죽을병'이었다. 외딴섬 고흥 나로도에서 큰 병원이 있는 여수로 나가 병원치료를 받았다. 어머니는 아픈 딸을 위해 달동네에 월세방을 얻고 매일 쇠고기 비곗국을 끓여 주셨다.

이렇게 반년이 지나고 나서야 난 겨우 일어나서 걸을 수 있었다. 그 후로 나는 혼자서 달동네 마을 뒷산을 학교 삼아 매일 오르내렸다. 내겐 풀꽃이 친구이고, 반짝이는 숲이 학교였다. 그때 만난 자연은 내겐 누구보다 훌륭한 선생님이었다. 그렇게 자연의 보살핌과 가르침으로 어느덧 건강도 회복해 착한 생태학자가 꿈인 중년에 이르렀다. 비록 어린 나이였지만 '자연을 닮아야 살 수 있다'는 그 평범하고 위대한 사실을 그때 나는 온몸으로 배우고 깨달았다.

이 책 『굿바이 남도풀꽃』은 어릴 적, 자연이 내게 준 고마운 마음과 은혜를 잊지 않기 위해 세상에 내놓는 책이다. 책 내용 대부분은 국립공원과 보호지역을 십 수 년간 조사 다니면서 곧 사라질 위기에 처한 '멸종위기식물'과 '우리 고유종' 등 특정식물을 조사하면서 만나고 얻은 답사기록이기도 하다.

어느 해 눈부시게 아름답던 백작약이 뿌리째 없어진 사건은 내게 큰 충격이었다. 이 식물은 매년 개체수와 분포상태를 관찰하고 있는 귀한 특정식물로 5년째 모니터링 중이었다. 게다가 그곳은 사람들의 간섭을 엄중하게 차단하고 있는 국립공원과 보호지역 자생지였다. 바로 그곳에서 백작약이 흔적도 없이 사라져 버렸으니 이루 말할 수 없는 안타까움과 당혹감이 밀려왔다. 그 순간 세상에서 곧 사라질 멸종위기종, 고유종, 희귀식물 등 특정식물을 지킬 수 있는 방법을 찾아야겠다는 생각이 들었다. 사라져가는 남도풀꽃들이 내게 전하는 간절한 바람 같았다. 남도 한적한 곳에서 자라는 멸종위기종, 고유종 희귀식물과 특정식물은 생물다양성 차원에서 중요한 지표종이다.

자연은 인류의 기본자산이자 생명의 근원이다. 함부로 대할 존재가 아니다. 모든 생명은 그 자체만으로도 존엄성을 갖는다. 이 풀꽃들이 지닌 하나하나의 생태적 특징을 알면 이들이 보이고, 보이면 사랑할 수 있을 것이다. 이 믿음과 소명의식이 부족함과 부끄러움을 무릅쓰고 이 책을 세상에 내놓는 소박한 이유이기도 하다.

남도 국립공원과 보호지역을 중심으로 사라져가는 풀꽃 70여 종을 소개한다. 계절별로 봄, 여름, 가을·겨울 30종과 보호지역별 40종의 식물을 1부와 2부로 나누어 정리했다. 여전히 얕은 배움과 학습을 통해 지금의 눈으로 풀꽃 생태를 다룬 만큼 책 내용이 부족하고 엉뚱한 이야기일지라도 독자들이 너그럽게 이해해주었으면 한다.

꽃을 만나 사는 인생은 모든 관계에서 치유와 공감을 부른다. 꽃밭에 앉아 꽃과 대화하듯 읽어주었으면 하는 바람이다. 더 욕심을 낸다면 뭇 생명들과 소통하고 자연의 권리를 대변하고자 했던 이들의 삶과 정신을 독자들과 함께 나누고 싶다.

많이 부족하지만 책 만드는 길은 내겐 머나먼 여정이었다. 풀꽃식물이 중요한 시기에 함께할 수 있도록 내게 조사하고 연구하며 만날 기회와 시간을 내준 것에 대해 감사하다. 이들을 찾아 나선 과정이 내겐 큰 공부이자 인생을 살펴볼 수 있는 여행이었다. 이 책에 쓴 대부분은 이들이 내게 알려준 자연의 '지혜'였기 때문이다.

또한 이 책을 쓰면서 내 인생에서 식물과 자연 생태를 만나고 연구할 수 있게 해준 스승과 동료에게 다시금 감사드린다. 오구균 교수님, 김용식 교수님, 최송현 교수님, 김경일 시인님께서 많은 격려와 자문으로, 또 추천사로 자그마한 글에 마침표를 더해 주었다. 더불어 국립공원공단 임윤희 선생은 오랜 기간 직접 발품 팔아찍고 기록해온 소중하고 아름다운 풀꽃사진을 기꺼이 제공해주었다.

늘 곁에서 말없이 지켜주고 응원을 보내준 곁지기 문병교님에게도 감사하다. 또이 책이 나오기까지 함께 해준 많은 이들에게 고마움을 전한다. 더불어 상상창작소봄 식구들과 김정현 대표에게도 감사의 마음을 전한다.

2023. 6.
착한 생태학자를 꿈꾸며

김 영 선

1부

철따라 만나는
남도풀꽃

1장 봄

씨앗은 상처를 받고서야 새싹이 난다

꽃보다 아름다운 신록, 봄이다.
단단한 씨앗에게는 매일매일 새로운 날이다.
온갖 상처를 받더라도 자기 일을 정확히 하려고 한다.
비로소 때가 왔을 때 기회를 놓치지 않고 새싹을 밀어 올린다.

1. 봄바람 초대하는 꽃

/

변산바람꽃

© 임윤희

봄의 전령사로 변산바람꽃이 상큼한 꽃바람의 시작을 알린다. 큰산개구리가 깨어나 올챙이를 낳을 때쯤이면 변산바람꽃도 꽃대를 올리고 추위를 이겨내며 피어난다. 봄꽃 중에서 가장 먼저 피는 꽃으로 해외에서 볼 수도 없고 우리나라에서만 사는 꽃이니 더 소중하고 반갑기만 하다. 게다가 세상의 모든 꽃은 단 한 번만 피어난다는 깨달음에 이르게 되면 발걸음이 빨라진다. 물론 내년에도 꽃은 피겠지만, 지금 이 꽃은 내년에 새로 피는 꽃이 아니다. 얼마 뒤면 자기에게 주어진 생명의 역할을 다한 뒤에 모습을 감춘다. 이 순간에 마주한 그 꽃이 바로 세상에 하나밖에 없는 생명이다. 그리고 세상의 살아 있는 모든 생명이 소중하다는 것을 깨닫는다.

봄비가 촉촉이 내리는 날에 변산바람꽃이 모습을 드러낸다. 1년을 기다려 봄의 전령사를 만났다는 반가움에 내뱉은 감탄사를 노랫말처럼 흥얼거리고 있다. 그날 만난 변산바람꽃은 햇살 좋은 날에 만난 것보다 사뭇 다른 상큼한 느낌이었다. 꽃잎 같은 하얀 꽃받침 위로 물방울이 맺혀 또르르 떨어진다. 술잔 모양의 컵처럼 생긴 황녹색 진짜 꽃잎은 목마른 입술을 축이라고 하는 듯 물을 한가득 머금고 있다. 깊은 계곡 골짜기에서 냉기 가득한 땅속을 뚫고 나와 혼자서 때론 여럿이서 옹기종기 피어나는 꽃. 변산바람꽃의 봄소식에 따스한 온기가 전해진다. 좋은 기운을 받으려면 봄꽃을 들여다보는 것도 좋을 듯싶다.

변산바람꽃은 1993년 전북대 생물과학부 선병윤교수가 변산반도에서 처음 발견해 붙인 이름으로 학명은 '*Eranthis byunsanensis* B.Y. Sun'이다. 추울 때 피고 금방 지기 때문에 보기가 쉽지 않아서 마치 스치는 바람처럼 피고 진다고 해서 붙여진 이름이다. 바람꽃속은 그리스어 아네모스(Anemos)에서 기인한 것으로 '바

ⓒ 임윤희

람의 딸'이라는 의미이다. 미나리아재비과에
속하며 식물구계학적 특정식물 Ⅲ등급으로 지
정됐으며 한국적색목록의 관심대상종(LC)이
다. 우리나라에만 사는 고유종으로 해외로 잎
한 장 반출 못 하는 국외반출 승인대상이다.

　변산바람꽃의 생태적 특징은 산속 깊은 숲
속 계곡부나 돌무더기가 많은 곳에서 자라는
여러해살이풀이다. 추운 2월 초부터 4월까지
피기 시작하는 변산바람꽃은 높이 10~30cm
쯤으로 앙증맞게 자란다. 잎자루가 길고 전체
적으로 털이 없다. 꽃은 줄기 끝에서 흰색으
로 피며, 꽃잎처럼 보이는 꽃받침이 5~7장으
로 달걀 모양의 타원형이다. 꽃잎은 나팔 모
양으로 아래는 흰색이고, 윗부분은 황녹색으
로 4~11개이다. 강원도 설악산에서 전북 내
장산, 내변산, 전남 나로도, 제주도 한라산 등
에 주로 분포한다. 바람꽃속은 너도바람꽃속
에 속하며 한국에 18여 종이 있는데 가장 먼
저 피는 꽃이 변산바람꽃이다.

기후변화가 심각한 요즘 변산바람꽃의 개화질서가 무너지며 찾기가 쉽지 않다. 무등산 변산바람꽃은 개화주기가 2주씩 빨라지고 있다. 2월 중순에서 3월 중순에 필 꽃들이 2월 초순에 피고 있기 때문이다. 개화질서가 무너지는 변화 시기에 보호지역의 보전과 회복은 중요한 생물다양성협약의 핵심의제이다. 지난 2022년 제15차 생물다양성협약 당사국 총회(COP15)는 「쿤밍−몬트리올 글로벌 생물다양성 프레임워크(GBF)」를 채택했다. 그 내용은 자연과 조화로운 삶을 비전으로 2030년까지 각 국가는 전 국토 대비 육지와 해양을 최소 30%를 보호지역으로 지정할 수 있도록 합의하고 약속했다. 우리나라도 국제적인 흐름에 발맞추어 약속을 이행해야 한다. 현재 우리나라의 보호지역(KDPA, 2023년 기준)의 비율은 육상 17.3%, 해양 2.13%로 턱없이 부족하다. 게다가 흑산도공항 건설사업, 설악산 오색케이블카 사업 등 각종 개발사업을 오히려 정부(환경부)가 나서서 추진하고 있어 보호지역이 보호받지 못하는 안타까운 현실에 놓여 있다.

우리는 생태계와 기후변화의 여러 이야기들을 많이 한다. 특히 환경생태학을 연구하는 분야에서 생물다양성 감소와 절멸 앞에 사뭇 진지해진다. 생명에서 생명으로 그물처럼 이어진 생태계의 연결고리가 끊어진다면 결국 인류문명의 파멸로 이어질 것을 너무나도 잘 알고 있기 때문이다.

"우리는 자신과 자연 사이의 정서적 유대를 함양하지 않고서는 종과 환경을 구하는 이 전쟁에서 이길 수 없다. 자신이 사랑하지 않은 것을 구하러 싸우지는 않을 테니까"라고 미국의 고생물학자 '스티븐 제이 굴드(Stephen Jay Gould, 1941~2002)'

는 말한다. 지금 우리는 자연의 권리를 인정하고 대변해주는 관심과 사랑이 절실하다. 살아 있는 모든 생명에 대한 존엄성과 사랑이 그 어떤 가치와 개발보다 앞서야 한다.

 ## 식물구계학적 특정식물의 분류

한반도의 식물은 약 4,338분류군이 생육하고, 휴전선 이남 5개 아구에는 약 3,300분류군이 자생한다. 국토지리정보원 자료에 따르면 식물구계학적 특정식물은 한반도 구계분석을 통해 선택된 식물군의 분포범위에 따라 5개 등급으로 구분한다. 이런 특정식물은 환경을 평가할 때 객관적으로 그 식물의 특성과 보호, 그리고 서식처 보전 우선순위를 정하는데 이용하고 있다.

V등급	극히 일부 지역에만 분포하거나 희귀한 지역에만 분포
IV등급	한 아구에만 분포
III등급	2개의 아구에 분포
II등급	모든 식물 아구에 분포하지만 1,000m 이상의 산지에 나타난다. 일반적으로 백두대간을 중심으로 분포
I등급	3개의 아구에 걸쳐 분포

2. 특이한 그 이름 깽깽이

/

깽깽이풀

© 임윤희

　　헐레벌떡 무등산국립공원 평두메습지 계곡을 지나 산 중턱에 올라섰다. 지난해
졸참나무 낙엽이 우수수 떨어진 곳에서 바짝 몸을 낮춰 보물을 찾듯 생명을 마주
한다. 어린 깽깽이풀 새순이 올라오고 있다. 붉은빛이 감도는 새잎은 연잎 모양으
로 뒤늦게 나온 꽃대를 보호하고 있다. 날씨가 흐리면 꽃을 피우지 않는 특징이 있
어 햇살이 좋은 봄날에 만나는 것이 좋다. 깽깽이풀은 해바라기처럼 태양 따라 피
는 꽃이기 때문이다. 꽃은 연보랏빛으로 눈에 확 띈다. 반가움과 설레는 봄을 황홀
하게 품어내고 있다. 가끔 임도 중앙에 무리지어 활짝 피어있어 행여 밟힐까 봐 안
타까움을 안겨주기도 하는 깽깽이풀이다.

깽깽이풀은 그 이름이 특이하다. 뿌리를 약재로 사용하는데 그 맛이 매우 써 약으로 먹으면 입에서 신음소리가 절로 나온다. 미나리아재비목 매자나무과에 속하며, 식물구계학적 특정식물 Ⅴ등급으로 극히 일부 지역에만 분포하거나 희귀한 지역에만 자라는 식물이다. 이 식물은 한국적색목록의 준위협종(NT)으로 해외로 잎한 장 반출 못 하는 국외반출 승인대상이다.

생태적 특징은 산중턱 낙엽활엽수림에서 자라는 여러해살이풀로 잎은 뿌리에서여러 장이 나며, 잎자루가 길다. 잎은 연잎처럼 둥근 모양으로 아래는 심장 모양이고, 끝은 오목하며 가장자리는 물결 모양이다. 꽃은 4월에 잎보다 먼저 뿌리에서난 긴 꽃자루 끝에 1개씩 달리며, 붉은 보라색 또는 흰색이다. 꽃받침잎은 4장으로꽃잎은 6~8장이며 난형이다. 제주도를 제외하고 전국에 분포한다.

깽깽이풀은 점차 원래의 서식처를 잃고 훼손될 가능성이 높은 개체 중 하나다. 차량이나 사람들로 인해 훼손될 가능성이 크기 때문이다. 특히 보호지역 내 묘지나 샛길 조성 등 지속적인 불법행위가 성행한다면 조만간 깽깽이풀은 사라지고 말 것이다. 그래서 서식처를 관리하고 자생식물원으로 옮겨 심어 보전하는 것이 시급하다.

/

금붓꽃

햇살 가득한 산 중턱 언덕에 봄날의 따스한 햇살을 머금은 듯 노랗게 핀 금붓꽃을 마주하고 있다. 보랏빛으로 피는 각시붓꽃은 길가에 자주 보이지만, 금붓꽃은 그렇지 않다. 이런 이유로 묘지 주변 양지바른 곳에 군락으로 피는 앙증맞은 금붓꽃을 만나는 일은 큰 행운이라 말할 수 있다. 자세히 들여다보면 줄기 끝에서 붓을 닮은 꽃봉오리가 한 개 나와 그 봉오리가 갈라지면서 꽃송이가 핀다. 꽃이 어찌나 노란빛인지 눈이 부시게 아름답다.

금붓꽃의 이름은 꽃의 생김새와 색깔을 보고 붙여진 이름이다. 꽃의 빛깔이 노랗고 꽃봉오리의 생김새가 붓끝 모양과 닮았기 때문이다. 붓꽃과에 속하며, 식물구계학적 특정식물 II 등급으로 모든 식물 아구에 분포하는 식물이다. 이 식물은 한국적색목록의 관심대상종(LC)으로 국외반출 승인대상이다.

생태적 특징은 산기슭의 양지바른 풀밭에 자라는 여러해살이풀로 땅속줄기는 가늘고 옆으로 퍼진다. 꽃은 4월에 줄기에서 1개씩 피고 노란색 주걱모양의 진짜 꽃잎 3장, 안쪽에 꽃잎 3장으로 총 6개의 꽃잎이 있다. 바깥 잎을 외화피라고 하는데 꽃잎 위에 유도선이 그려져 있다. 이 유도선은 곤충들을 꿀이 있는 곳으로 안내한다. 안쪽 잎은 내화피라 부르며 붉은 선이 있는 것이 특징이다.

금붓꽃이 생육하는 주변 지역에는 무등산국립공원 너와나목장이 있다. 현재 이곳은 폐목장으로 국립공원공단이 사유지를 매입해 전국 국립공원 최초로 목장 부지를 복원하는 사업을 추진 중이다. 이는 무등산국립공원을 지정한 지 10년 만에 이루어진 일이라 더욱 뜻깊다. 국립공원 지정 당시만 하더라도 흑염소

100~300마리 정도를 방목 사육하기 위해 '이탈리안라이그라스' 및 '오차드그라스' 등 다년생 목초지를 조성해 외래식물을 유입했다. 그로 인해 가축 방목으로 목장 부지 면적 약 132,420㎡가 나지로 바뀌고 생태계 교란식물이 전체적으로 확산하는 등 생태계 훼손이 심각한 곳이었다. 결과적으로 너와나목장은 이용이 집약된 상태의 국립공원 지역으로 훼손의 압력이 강한 보호지역이라고 볼 수 있다.

보호지역은 「UN(1992) 생물다양성협약 (CBD)」에 따라 특정 보전 목적을 달성하기 위해 지정하거나 규제하며 관리되는 지리적으로 한정된 지역을 말한다. 또한 한국 자연공원법에서 국립공원은 대표적인 자연생태계와 뛰어난 자연 및 문화유산 등을 온전하게 보전하고, 지속가능한 이용과 혜택이 미래세대에게 이어지도록 국가가 지정·관리하는 보호지역을 의미하고 있다. 이러한 근거로 1872년 미국 '엘로우스톤국립공원'이 세계 최초 국립공원으로 지정되어 자연의 아름다움을 향유하자는 보전주의적 자연관과 국립공원 개념을 전 세계에 전파하는 계기가 됐다. 우리나라는 1967년 지리산국립공원을 1호로 지정했으며, 현재 23개의 국립공원을 보호지역으로 지정해 엄격한 관리를 시행하고 있다.

선진국의 국립공원 정책은 기본적으로 관리대상을 보존이라는 범주로 구분해 접근하는 방식이다. 보존은 이용으로부터 자연을 보호하는 것을 원칙으로 인간의 영향을 절대적으로 최소화해 엄격한 사고방식으로 관리하는 것을 말한다. 게다가 복원은 과거를 지향하는 용어로 국립공원의 지정 취지나 지구 미래를 함의해 생물다양성이 풍부한 지역의 회복을 의미한다. 따라서 폐목장인 너와나목장 복원방안은 인간을 배제한 변화를 살피는 지역으로 100년을 내다보는 미래비전을 제시하는 숲연구 야외실험실과 교육장소로서 활용하는 것이 바람직하다. 하루빨리 폐목장이 자연으로 되돌아가 희망가를 부르는 금붓꽃이 화려하게 피는 아름다운 날들을 꿈꾸어 본다.

🍃 한국적색목록

절멸종	자생지 절멸종	심각한 위기종	멸종 위기종
약어:EX 마지막 개체가 사망한 사실에 합리적 의심의 여지가 없음	약어:EW 자연 서식지에서는 멸종했으며, 인공 시설에서 기르는 개체만 있음	약어:CR 자연 서식지에서 심각하게 높은 멸종위기인 상태	약어:EN 자연 서식지에서 매우 높은 멸종 위기를 겪는 상태

취약종	위기 근접종(준위협)	관심 필요종(최소관심)	기타
약어:VU 자연 서식지에서 멸종 위기가 다가오는 상태	약어:NT 현재는 CR, EN, VU등급에 해당하지 않으나 가까운 시일 내로 위기에 처할 우려가 있는 상태	약어:LC 레드리스트 기준에 따라 평가했으며, EW-NT에 해당하지 않는 상태 현재는 위기종이 아니라는 의미	정보 부족(DD):평가를 하기에 정보가 부족한 상태 미평가(NE):아직 평가 자체를 진행하지 않은 경우

🍃 우리나라에 자생하는 붓꽃

우리나라에 자생하는 붓꽃은 15종류로 많은 편이다. 이들은 각 특징에 따라 부르는 이름이 다르다.

노랑꽃을 피우는 노랑붓꽃, 꽃잎에 무늬가 있는 노랑꽃을 노랑무늬붓꽃, 잎이 솔잎처럼 가늘다고 해서 솔붓꽃, 잎이 실타래처럼 꼬인 타래붓꽃, 키가 작은 난쟁이붓꽃, 잎이 제비 날개처럼 날렵한 제비붓꽃, 잎이 부채처럼 넓은 부채붓꽃, 각시처럼 귀여운 각시붓꽃 등이 있다.

이 중에서 노랑붓꽃은 금붓꽃과 달리 꽃송이가 2개가 달리는데 멸종위기식물 II등급으로 보기가 귀한 꽃이다.

붓꽃 　　　　　ⓒ 임윤희　　　　각시붓꽃 　　　　　ⓒ 임윤희

4. 피는 물보다 진하다

/

피나물

© 임윤희

자기만의 빛깔을 드러내는 신기한 봄꽃 세상이 다가오면 때론 가깝게 바라봐도 그저 정겹고 신비로운 꽃이 하나 있다. 강렬한 황금빛을 뿜어내며 참을 수 없는 존재감을 드러내는 피나물이 그 주인공이다. 피나물이 필 때쯤 온 산하가 노랗게 물든다. 멀리서 보아도 꽃잎이 유난히 빛이 나 눈부시다. 꽃잎, 수술, 암술 모두 노란빛으로 앙증맞은 고운 자태와 신비감을 뽐내고 있다.

피나물 줄기를 자르면 붉은색의 유액이 피처럼 보여서 이름이 붙여졌다. 이름의 유래를 듣고 나면 저절로 '피는 물보다 진하다'라는 속담이 떠오른다. 꽃이 화려한 양귀비과에 속하며 식물구계학적 특정식물 Ⅰ등급으로 3개의 아구에 걸쳐 분포하는 식물이다. 피나물 역시 국외반출 승인대상이다.

생태적 특징은 산지의 계곡이나 계류 근처 습기가 많은 곳에서 자라는 여러해살이풀이다. 땅속줄기는 옆으로 길게 뻗는다. 줄기는 연약하며, 높이는 20~30cm이다. 뿌리잎은 잎자루가 긴 잎이며, 줄기와 길이가 비슷하다. 작은 잎은 5~7장이며, 가장자리에 불규칙한 톱니가 있다. 줄기잎은 어긋나며, 잎자루가 짧고, 작은 잎 3~5장으로 된 겹잎이다. 꽃은 4~5월에 줄기 끝부분의 잎겨드랑이에서 1~3개씩 피며 노란색이다. 꽃받침잎은 2장이고 일찍 떨어진다. 꽃잎은 보통 4장이며, 마주난 2장이 조금 더 크고, 윤이 조금 난다. 우리나라 북부 및 중부지방에서 깊은 산골짜기 숲 그늘에서 자생하며, 동아시아에 널리 분포한다.

피나물이 속한 양귀비과는 주로 붉은 유액이 나오는 꽃들이 많다. 이런 꽃은 화려해서 외부로부터 천적이 많거나 사람들이 꺾어가기 일쑤다. 미인박명이 아니고

개양귀비(왼)와 양귀비(오). 양귀비는 약물용으로 법의 규제를 받지만 개양귀비는 관상용이다.

'미화박명'이다. 결국 살아남기 위한 생존전략으로 붉은 유액을 만들었다. 유액은 줄기나 잎에 상처가 났을 때 치료와 천적으로부터 자신을 보호하기 위해 뿌리에서 만든 화학물질이다. 식물은 자신을 보호하기 위해 화학물질들을 만들어 이용할 줄 안다. 식물이 만든 화학물질은 다른 생명체에는 독성물질이다. 한번 먹으면 그 독성 때문에 더 이상 번식이 어렵다. 그래서 인간들은 독성물질을 완화해 재배식물을 계속해서 만들어낸다. 재배식물은 해로운 화학물질 함량을 낮춰 개량한 식물이다. 약품은 식물들이 만든 화학물질들을 연구해서 만든 경우가 많다.

양귀비꽃의 유액은 강력한 화학물질 중 하나이다. 유액에 아편의 원료인 마약 성분이 있기 때문이다. 만약 양귀비 씨앗이 날아와 마당에 자라더라도 반드시 제거해야 한다. 단 한 개체라도 키우는 게 적발되면 즉시 단속 대상으로 엄격한 법의 규제를 받는다. 반면 도시공원이나 유원지에 피어 있는 것은 대부분 개양귀비꽃이다.

꽃은 양귀비처럼 화려하나 아편 성분이 나오지 않는 원예식물로 우리 곁에서 친근한 식물이다. 그 외에도 사람들이 많이 사는 주변에서 자주 볼 수 있는 애기똥풀이 있다. 이들 모두 꽃이 눈에 띄다 보니 스스로 살아남기 위해 독성물질을 무기로 삼아 진화를 거듭해왔다. 결국 움직이지 않고도 한자리에 뿌리박고 살아남아 대성공을 거둔 식물이다.

 피나물과 매미꽃

피나물을 이야기하려면 매미꽃을 함께 말하지 않을 수 없다. 유사종인 매미꽃과 함께 모두 노란색의 꽃을 피우고 유액이 황적색으로 나온다. 피나물이 더 일찍 피지만 함께 필 때는 한참 들여다봐야 한다.

ⓒ임윤희　　　피나물

ⓒ임윤희　　　매미꽃

매미꽃은 꽃받침과 꽃자루에 털이 없고 뿌리에서 올라온 꽃대에 꽃만 달린다. 반면 피나물은 꽃받침과 꽃자루에 털이 많고 잎겨드랑이에서 올라온 꽃대에 잎과 꽃이 같이 달려있다.

/

옥녀꽃대

초봄이 지나고 녹음이 짙어질 무렵에 숲속 땅바닥에 무리지어 피어난 옥녀꽃대. 꽃이라고 부르기엔 매우 특이하다. 꽃잎도 보이지 않고 흰색 수술이 길게 뻗어있다. 게다가 수술은 세 갈래로 보이지만 아랫부분에서 합쳐지고 그 끝에는 노란색 꽃밥이 묻어 있다. 꽃밥은 안쪽에 숨어 있어 겉으로는 하얀 수술만 보인다. 자세를 낮춰 바라보면 정서적 유대감이 느껴지는 눈빛 교환이 가능하다. 사랑은 눈높이를 맞춰 시작하나 보다.

옥녀꽃대는 조선총독부에 근무하며 한국의 식물을 소개하고 연구했던 1930년대 일본인 식물분류학자 '나카이 다케노신(中井猛之進, 1882~1952)'에 의해 거제도 옥녀봉에서 발견돼 지명으로 붙여진 이름이다. 남부지방에서는 옥녀꽃대를 홀아비꽃대, 과부꽃대라고 부르기도 한다. 홀아비꽃대과에 속하며 식물구계학적 특정식물 Ⅰ등급으로 3개의 아구에 걸쳐 분포하는 식물이다. 옥녀꽃대 역시 국외반출 승인대상에 속한다.

생태적 특징은 숲속 반그늘이나 양지에서 자라는 여러해살이풀이다. 줄기는 곧추서며 가지가 갈라지지 않고, 높이는 15~40cm가량 자란다. 잎은 줄기 끝에 4장이 모여 자라며, 넓은 타원형 또는 도란형으로 잎 가장자리에 톱니가 있고 끝이 뾰족하다. 꽃은 4~5월에 흰색으로 피는데 4장의 잎 사이에서 올라오며 털이 없다. 수술은 3개이며 가늘다. 관상용으로도 심곤 한다. 분포지역은 제주도와 남부지방, 서해안의 일부 섬에서 자란다.

🌱 옥녀꽃대의 친구 홀아비꽃대

옥녀꽃대와 친구인 홀아비꽃대가 있다. 홀아비꽃대는 꽃잎도 없이 꽃대 하나가 외롭게 핀다고 붙여진 이름이다. 옥녀꽃대는 저지대에서 자라지만 홀아비꽃대는 전국적으로 분포하고 있으며, 해발 400m 이상 등지에서 자란다. 홀아비꽃대가 피고 나면 옥녀꽃대가 꽃을 피운다.

구분은 옥녀꽃대가 홀아비꽃대에 비해 2배 정도 수술이 길고, 잎 가장자리의 거치가 날카롭다.

ⓒ 임윤희   홀아비꽃대

ⓒ 임윤희   옥녀꽃대

6. 낮은곳에서 겸손하게

/

앵초

개나리, 진달래가 피는 봄이 오면 무리지어 피어날 앵초꽃이 생각난다. 매번 찾는 길이 낮은 계곡부 습지 지역으로 접근이 쉽단 생각이 들지만, 막상 들어가면 헤매기 일쑤다. 인적이 드물어 우거질 때로 우거진 이곳은 단단히 준비하고서야 숲 안으로 들어갈 수 있다. 목적지에 가까워질수록 올해는 제때 꽃이 폈을까 싶어 설레는 마음에 발걸음이 앞서곤 한다.

드디어 만난 앵초꽃은 군락을 이루며 그 자리에서 다소곳이 화려한 분홍빛을 뽐내며 반긴다. 아리따운 꽃천지를 보여준 그 자연의 경이로움을 눈앞에서 마주하면 감탄사가 절로 나온다. 알아주는 이 없어도 가장 낮은 곳에서 겸손하게 종족 보존을 위해 묵묵히 자기 길을 가고 있는 그 모습을 보면 안쓰럽고도 대견하다.

앵초는 한문으로 표기하면 '앵두 앵(櫻)'에 '풀 초(草)'인데, 꽃 모양이 마치 '앵두'를 닮아 붙여진 이름이다. 꽃잎 가운데에는 구멍이 뚫려 있어 바람이 들어가면 소리가 앵앵 울려 앵초라고 불렸다고 하는데, 딱 보면 이해가 간다. 앵초과에 속하며 식물구계학적 특정식물 II 등급으로 모든 식물 아구에 분포하지만 해외로 잎 한 장 반출 못 하는 국외반출 승인대상이다.

앵초의 생태적 특징은 앵초과에 속하는 여러해살이풀이다. 산지 계곡 주변, 시냇가, 습지 등 햇빛이 비교적 잘 들고 습기가 충분한 곳에서 자란다. 전체에 부드러운 털이 있다. 잎은 모두 뿌리에서 모여나며 잎자루가 길다. 잎몸은 난형 또는 타원형으로 앞면에 주름이 진다. 잎 가장자리는 얕게 갈라지고 톱니가 있다. 꽃은 5월에 피는데 잎 사이로 꽃이 달리며, 붉은 보라색 또는 드물게 흰색이다. 꽃자루는 겉에 돌기 같은 털이 있고, 꽃은 끝이 5갈래로 갈라져서 수평으로 퍼지고, 갈래의 끝은 오목하다. 이 종은 잎몸이 난형 또는 타원형인 점에서 단풍잎처럼 원형인 큰앵초와 다르다.

　자생에서 자라는 앵초는 서식지를 이동하면 살 수가 없는 꽃이다. 순수한 자생지에서 잘 자라지만 사람에 의해 길러지면 쉽게 죽는다. 우리가 자생식물원에서 쉽게 볼 수 없는 이유도 여기에 있다. 사람들에게 관상식물로 인기가 많다 보니 자생지에서 앵초를 보면 대부분 꺾어가거나 뽑아간다. 자생지에서 앵초의 개체수가 매년 감소하는 이유는 그냥 지나치지 못하고 사람들이 불법으로 채취해가는 욕심에서 출발한다. 그 자리에 있어야 할 앵초가 보이지 않고 한 움큼 파인 땅을 보았을 때 가슴이 시리도록 아프다. 낮은 곳에서 겸손하게 핀 앵초꽃 군락을 만난다면 눈인사 정도 반갑게 하고, 우리 곁에서 소중한 생명으로 살아갈 수 있도록 알고도 모른 척하는 배려심이 필요하다.

🍃 다양한 앵초의 종류

앵초류에는 앵초를 포함해 설앵초, 큰앵초, 흰앵초가 있다. 대부분 낙엽이 쌓인 큰키나무 아래에서 자라는 풀꽃들은 새순이 나오기 전에 먼저 꽃을 피우고 열매를 빠르게 맺는다. 그러나 앵초류는 큰키나무의 새순이 모두 나온 후에도 꽃이 계속 핀다. 앵초류는 4~8월까지 피어나는 꽃이다.

가장 먼저 낮은 지대의 숲속에서 봄소식을 알리는 앵초가 피고 나면 높은 지대의 숲속에서는 큰앵초와 설앵초가 핀다. 꽃 모양은 모두 비슷해 혼동할 수 있지만, 잎모양이 달라서 쉽게 구별할 수 있다.

전국 각지에서 봄부터 여름까지 계절을 바꿔가며 피는 앵초류는 우리 꽃 야생화 중 가장 화려하고 인기가 많은 꽃 중 하나다. 그래서 꽃이 크고 색이 뚜렷해 누구나 쉽게 관찰하고 감상할 수 있도록 원예종으로 개량해 시중에 판매하고 있다. '프리뮬라'에 속하는 식물은 외국에서 개량된 것이 국내에 들어와 길러지고 있는 종이다. 대부분 앵초라고 부르는 '프리뮬라'의 원예종은 자생종인 앵초만큼 화려하지만 수려하고 청초하지는 않은 듯하다.

큰앵초

설앵초

7. 꿈의 비상

/

방울새란

햇빛 드는 양지바른 습지에서 방울새란을 만났다. 주변에는 철쭉꽃이 흐드러지게 피어 화려한 유혹에 빠져 헤어 나오기가 쉽지 않다. 아주 조그마한 방울새란을 보려면 화려한 철쭉꽃의 유혹을 뿌리치고 다가가야만 한다. 연초록 새잎을 내고 꽃대를 올리고 있는 가녀린 모습이 애틋하다. 꽃잎 역시 입술 모양으로 앙증맞게 오므리고 있어 고운 자태를 뽐낸다. 꽃봉오리가 벌어지지 않은 모습은 보는 이로 하여금 절로 궁금증을 자아낸다.

방울새란의 이름은 방울새의 단단한 부리처럼 닮았다고 해 붙여진 이름이다. 꽃이 약간 덜 핀 듯 보이고 주로 무등산국립공원 중봉 일대 습지에서 군락으로 분포한다. 난초과에 속하며 한국적색목록의 준위협종(NT)으로 선정되어 있다. 이렇듯 방울새란은 습지에 드물게 자라나는 식물이다.

생태적 특징은 산지 양지바른 습지에서 사는 여러해살이풀이다. 뿌리줄기는 옆으로 뻗는다. 줄기는 곧추서며, 높이는 10~25cm이다. 잎은 줄기 가운데 부분에 한 장이 달리며, 조금 두껍고 밑이 좁아져서 줄기로 흐른다. 꽃은 5~6월에 줄기 끝에서 1개씩 피며, 흰색 바탕에 연한 붉은 보라색으로 다른 풀꽃들처럼 꽃잎이 활짝 벌어지지 않는다. 우리나라 전역에 자생하며 대만, 일본 등에도 분포한다. 큰방울새란에 비해서 전체가 작으며 꽃은 색이 연하고 거의 벌어지지 않는 게 특징이다.

/

하늘말나리

© 임윤희

'나리나리 개나리' 동요가 저절로 흥얼거려지는 봄이 성큼 다가온다. "나리나리 개나리"에서 "나리나리 하늘말나리"로 노래를 바꾸어 불러본다. 숲속 길을 걷다가 하늘말나리를 발견하면 절로 기분이 좋아진다. 자세히 들여다보면 주황색 꽃잎에 검은 점이 박혀 있어 눈에 확 띈다. 그러나 빛이 들지 않는 편백숲 아래 하늘말나리는 6월이 지나도 꽃이 피지 않고 머물고 있어 발길을 돌려야만 했던 기억이 난다. 아무리 전문가라도 꽃이 피지 않으면 확신하기가 쉽지 않다. 잎은 돌려나기로 분명 하늘말나리로 보이지만, 꽃이 몇 년간 피지 않으니 기다리는 방법밖에 없다. 산 정상부에는 참나리꽃이 안개 속에서 곱게 피어나 하늘말나리 대신 아쉬운 마음을 달래본다.

하늘말나리는 꽃이 하늘을 향해 피어나고 잎은 돌려난다고 해서 붙여진 이름이다. 잎이 우산처럼 생겼다고 해서 우산말나리라고도 한다. '나리'라고 붙은 이름에는 개나리도 있고 참나리도 있다. 개나리는 물푸레나뭇과의 낙엽활엽관목이고, 참나리는 백합과의 여러해살이풀이다. 개나리의 '개'는 '가짜'라는 의미로 사용하고 있지만, 참나리의 '참'은 '진짜'라는 의미로 쓰인다. 식물 이름에 접두어로 '개'가 붙으면 이는 2가지 의미가 있다. 첫 번째로 '가짜'라는 의미이다. 개살구, 개복숭아, 개머루 등으로 가짜라서 '먹지 못한다'라는 뜻이 담겨 있다. 두 번째는 '털이 있거나 많다'라는 의미이다. 개서어나무, 개옻나무 등이 그 한 예로 잎이나 열매에 털이 많이 분포하고 있는 특징을 지닌 경우다. 나리꽃은 우리가 흔히 '백합'이라고 부른다. 백합은 자생 나리꽃에 색과 향을 더해 품종을 개량한 원예종을 말한다. 백합과에 속하며 해외로 잎 한 장 반출 못 하는 국외반출 승인대상이다.

하늘말나리의 생태적 특징은 해발고도 100~300m의 해가 잘 비추는 산기슭이나 풀밭에서 비교적 흔하게 자라는 여러해살이풀이다. 비늘줄기는 붉은색을 띤 흰색이고, 비늘조각이 조금 엉성하게 달려 있다. 줄기는 곧추서며, 높이는 50~130cm다. 잎은 줄기 가운데서 6~15장이 돌려나며, 그 위에서 몇 장이 어긋나게 달려 있고, 피침형 또는 도란상 타원형으로 가장자리가 밋밋하다. 꽃은 6~8월에 줄기 끝에서 1~6개씩 위로 피며, 노란빛이 섞인 붉은색으로 안쪽에 자주색 반점이 있다. 열매는 10~11월에 익고 3갈래로 갈라진다. 우리나라 전역에 자생하고 있다.

그중 섬말나리는 울릉도에서만 자라는 우리나라 고유종이다. 나리분지와 성인봉은 섬말나리가 군락으로 자라고 있으며, 나리분지는 섬말나리가 많은 데서 붙여진 지명이다. 섬말나리는 울릉도의 서늘한 해양성 기후로 인해 나리꽃 중에서 가장 일찍 피고, 잎이 2층 이상 돌려나기로 가장 크다. 5월 중순이면 나리분지에서 성인봉으로 오르는 구간인 너도밤나무 원시림 아래서 섬말나리가 잎면적을 최대한 넓혀 아직 피지 않은 꽃대를 위로 올리느라 정성을 들이고 있다. 오래된 너도밤나무 원시림에서 최고층에 올라 햇빛을 마음껏 만날 수 없으면 가장 낮은 층에서 살아내는 방법으로 잎면적을 넓히는 전략을 택한다. 이미 그 사실을 알고 잎의 저변확대 전략을 고안해 낸 기특한 섬말나리이다. 외딴섬 울릉도, 인위적인 간섭이 없는 너도밤나무 원시림에서 대를 이어 장수하는 비결은 결국 끊임없는 자기갱신을 통한 저변확대로 이루어진다는 사실이 그저 놀랍기만 하다.

성인봉에서 바라본 너도밤나무원시림

　이에 반해 하늘말나리는 전국적으로 분포하지만 꽃피는 시기에 눈에 잘 띄어 남
획될 위험성이 높은 식물이다. 게다가 꽃이 예쁘니 관상용으로 인기가 많고 어린
잎과 비늘줄기는 식용 및 약용으로 사용하고 있다. 그래서 잎의 저변확대도 이루
어지기 전에 사라지는 경우가 대다수다. 식물 한 종이 사라지면 도미노 현상처럼
생태계의 먹이사슬이 서서히 무너진다. 하늘말나리 한 종이라도 생물자원으로서
생태적 가치가 매우 높아 서식지 관리에 관심을 두고 보전해야 하는 식물이다.

🍃 다양한 나리꽃

  나리꽃은 온대지역에서 70~100종이 분포하고 있으며 꽃이 크고 아름다워 관상용으로 인기가 높은 편이다. 참나리, 중나리, 털중나리, 솔나리, 뻐꾹나리, 날개하늘나리, 하늘나리, 하늘말나리, 섬말나리 등 종류도 다양하다. 나리꽃들은 꽃이나 잎의 생김새로 구별이 가능하다.

  꽃이 큼직하고 키가 크며 잎겨드랑이에 검은 팥알 같은 주아가 땅에 떨어져 번식하는 참나리, 키가 작고 주아가 없이 꽃이 땅을 향해 여러송이 달리면 중나리, 중나리와 비슷하고 잿빛 털이 있으면 털중나리, 잎이 솔잎을 닮은 솔나리, 꽃이 꼴뚜기를 닮은 뻐꾹나리, 멸종위기식물 2급으로 귀한 대접을 받는 날개하늘나리 등이 있다. 또한 꽃이 하늘을 향해 피고 잎이 어긋나면 하늘나리, 꽃이 하늘을 향해 피고 잎이 돌려나면 하늘말나리, 꽃이 황색 빛이 돌고 돌려나기가 여러층이면 섬말나리로 구분하고 있다.

참나리   솔나리

뻐꾹나리   섬말나리

무등산국립공원에 핀 참나리

/

금새우난초

꽃보다 아름다운 신록의 계절이 다가오면 씨앗에게는 매일 매일 새로운 날이 펼쳐진다. 온갖 조건으로부터 상처를 받더라도 식물은 자기 일을 정확히 하려고 애를 쓰며 기지개를 켠다. 비로소 때가 왔을 때 기회를 놓치지 않고 새싹을 내고 꽃망울을 맺는 데 최선을 다한다.

깊은 숲속에서 도깨비방망이로 "금 나와라 뚝딱"하고 주문을 외우면 나올법한 아름다운 금새우난초. 삼나무숲과 낙엽수림에서 금새우난초가 모습을 드러낸다. 강렬한 황금빛의 꽃잎으로 썩은 나무둥치에서 피어나 향기를 내뿜는다. 자세를 최대한 낮추지 않으면 쉽게 보여주지 않는 도도한 꽃이다. 예의를 최대한 갖추고 신비한 자연의 지혜를 배우려는 삶의 태도를 가진 자에게만 꽃세상을 허락한다. 예의 없는 곤충에겐 쉽게 접근을 허락지 않는다. 대부분 난초과 식물은 수분매개자가 곤충보다는 땅속에 사는 공생균을 통해 생명에서 생명으로 다시 태어난다. 쉽게 만나기도 어려울 뿐만 아니라 함부로 대할 대상이 아닌 금새우난초이다.

금새우난초란 뿌리가 옆으로 기어가듯 자라는 덩이뿌리 모양이 새우등처럼 마디가 닮았다고 해 붙여진 이름이다. 이 종은 새우난초에 비해 꽃이 노란색으로 구분이 쉽다. 금새우난, 노랑새우난초라고도 부른다. 난초과에 속하며 식물구계학적 특정식물 Ⅳ등급으로 한 아구에만 분포하는 식물이다. 한국적색목록의 취약종(VU)이며 해외로 잎 한 장 반출 못 하는 국외반출 승인대상이다.

생태적 특징은 숲속 땅 위에서 여러해살이풀로 자란다. 땅속줄기는 염주 모양, 마디가 많으며 옆으로 뻗는다. 잎은 아래쪽에서 2~3장이 나며, 넓은 타원형이다.

잎에 주름이 많으며 잎자루는 길다. 꽃은 4~6
월에 꽃줄기 끝에 총상꽃차례로 달리며, 향기가
조금 나고, 밝은 노란색이다. 꽃줄기는 잎이 다
자라기 전에 높이는 40cm쯤으로 되고, 1~2개
의 비늘잎에 싸여 있다. 입술꽃잎은 깊게 3갈래
로 갈라지는데 가운데 조각은 끝이 조금 오목하
다. 우리나라 제주도, 울릉도, 안면도 등에 자생
하며, 일본에도 분포한다.

　꽃을 좋아하면 그 식물을 사랑하지 않을 수가
없다. 식물을 사랑한다는 것은 식물뿐만 아니라
서식처, 토양 환경 등 주변 생태계와 환경에 관
심을 가질 수밖에 없다. 생태계는 서로 그물처
럼 연결되어 있기 때문이다. 우리는 하나로 연
결된 생명공동체로 모두 소중한 존재라는 것을
깨닫는 순간 모든 관계는 치유와 공감을 부른
다. 풀 한 포기, 나무 한 그루 훼손하지 않고 보
전하고자 하는 소명 의식을 갖는다는 것은 꽃을
들여다보는 이런 마음에서 출발한다. 꽃피는 봄
날 가까운 공원이나 숲으로 꽃산책을 권유한다.

10. 봄날에 햇빛 찬란

/

얼레지

ⓒ임윤희

해발 1,000m에 자리한 지리산국립공원의 세석평전은 남도 자연생태계를 대표하는 곳이다.

백무동 계곡을 지나 세석평전으로 오른다. 이곳에서 매년 5월, 찬란하게 피는 얼레지를 만나면 반갑고도 신이 나서 콧노래가 절로 난다. 높은 지대의 비옥한 땅에서 무리지어 피는 얼레지꽃은 6월 안에 꽃과 잎이 모두 지거나 사라지기 때문에 그 계절에 보지 않으면 쉽게 볼 수 없다. 그래서 가던 길도 멈추고 얼레지와 눈을 맞추며 자연과의 교감을 나누기도 한다.

얼레지는 꽃에 얼룩무늬가 있어서 붙여진 이름이다. 완전히 피면 꽃잎은 뒤로 말리다시피 젖혀지는데 이 모양이 개의 이빨을 닮았다고 해서 영어로는 '도그투스 바이올렛, Dog-tooth Violet'이라고 한다. 백합과에 속하며, 식물구계학적 특정식물 Ⅰ등급으로 3개의 아구에 걸쳐 분포하는 식물이다. 이 식물은 해외로 잎 한 장 반출 못하는 국외반출 승인대상이다.

생태적 특징은 햇빛이 드는 곳에 자라는 여러해
살이풀이다. 뿌리줄기는 20cm쯤으로 길며, 그
밑에 비늘줄기가 달린다. 잎은 꽃줄기 밑에
보통 2개가 달리며, 가장자리가 매끄럽다.
잎 앞면에는 보통 자주색 반점이 있지만 없는
경우도 있다. 잎자루가 길다. 꽃은 3~5월에
높이 15cm쯤 되는 꽃줄기 끝에 1개씩 피며, 밑
을 향하고, 붉은 보라색이다. 꽃잎은 6장이며, 끝이
뒤로 말리고, 안쪽 밑부분에 자주색 무늬가 W자 모양으로

© 임윤희

얼레지는 보통 보라색 꽃잎을
가졌지만 흰색도 있다.

있다. 열매는 6~7월에 익는데 3개의 능선이 있다. 제주도를 제외한 우리나라 전
역에 서식하고 중국 동북 지방, 일본 등에 분포한다.

높은 지대의 비옥한 땅에서 잘 자라는 얼레지를 만난다는 것은 행운이다. 뿌리
1개에서 1개의 꽃이 피고 열매를 맺은 씨는 땅에 떨어져 최소한 4년 이상 지나야
만 꽃을 피운다. 특히 소철나무는 종자가 2,000년이 지나도 발아할 수 있는 최적
의 조건을 만나면 싹을 틔우고 꽃을 피운다. 이처럼 오랫동안 종자와 꽃을 진화시
켜서 살아남기 위해 그들만의 방식으로 변화해온 것이다. 얼레지가 사는 높은 지
대의 비옥한 땅은 주로 아고산지대이다. 아고산지대는 경관성, 희귀성, 생태적 가
치가 매우 크다. 이들이 사는 최적의 환경조건에 따라 서식지를 잘 보전하는 일이
중요하다.

2장 여름

초록세상에 자기만의 빛깔을 드러내다.

아름다운 꽃세상, 여름이다.
조그마한 풀꽃이라도 화려한 장미꽃을 부러워 하지 않는다.
오로지 자신만의 고유한 빛깔을 드러내는데 소홀함이 없다.
생태계 다양성과 건강함이 존재하는 이유이다.

1. 습지 찾아 삼만리

/

꽃창포

폭염과 장마가 기승을 부리는 한여름이다. 자연의 생명활동이 가장 왕성한 여름은 식물들 중 약 70%가 꽃을 피우는 계절이다. 하지만 세상에 다 같은 꽃은 없다. 저마다의 속도로 꽃을 피우고, 저마다의 눈높이에서 사람들을 맞이한다. 서로의 내음을 한껏 품어 식물들은 머뭇거리지 않고, 조급해하지 않으며 살며시 우리 곁으로 다가온다. 애써 내어준 길을 마다하고 새로운 길에 들어서니, 풀잎들이 잘 왔다고 몸을 쓰다듬으며 길을 안내한다. 그 길을 따라 조용히 걸어본다.

이제 그 꽃의 이름을 정성껏 하나씩 불러주며 우리 가까이 함께 살아가야 할 존재와 생명으로서 가치를 공유하려 한다. 전라도 깊은 골짜기 곳곳에 살고 있으나 외국에선 자생하지 않는 우리나라 남도지역의 멸종위기식물, 희귀식물, 고유종, 특정식물 등을 중심으로 숲해설 하듯 이야기를 꺼내려고 한다.

여름의 첫 번째 꽃은 물길을 따라 습지에 이르러야 볼 수 있는 짙은 보라색으로 핀 꽃창포이다. 무등산국립공원 장불재습지, 월출산국립공원 도갑습지 등에서 무리지어 피며 마늘종이 쭈욱 올라오듯 꽃대를 올리고 있다. 꽃이 피기 전까지는 붓꽃인지 꽃창포인지 알 수가 없다. 산야의 습지에서 잘 자라기 때문에 어디든 볼 수 있다고 생각하겠지만 자생으로 보기가 점점 쉽지 않다. 그러니 가끔 습지에서 꽃창포를 만나면 반갑기 그지없다. 사람 허리만큼 높이 자라 화려한 꽃을 피우기 때문에 사람 손을 자주 타는 식물이다. 현재는 개체수나 분포지역이 많으나 개발로 서식지가 훼손되고 환경 악화로 사라질 가능성이 커 귀하고 귀하신 꽃창포다.

붓꽃 ⓒ임윤희

꽃창포 이름은 꽃 색깔이 붓꽃과 유사한 자주색이어서 붙여진 이름이고, 창포와는 다른 식물이다. 창포는 옛 단오 때 여인들이 머릿결을 가꾸고자 이 꽃을 삶은 물로 머리를 감았고, 귀신을 쫓는 의미로 뿌리를 붉게 물들여 비녀로 사용했다. 창포와 꽃창포는 전혀 다른 식물로 구별이 쉽지만, 붓꽃과 꽃창포는 같은 붓꽃과로 식별이 어렵다. 두 식물 모두 꽃봉오리가 먹을 묻힌 붓의 필봉처럼 생겨 붙여진 이름이다. 붓꽃은 바깥 꽃잎에 그물 모양의 복잡한 무늬가 있지만, 꽃창포는 바깥 꽃잎에 노란색의 역삼각형 무늬를 뚜렷하게 갖고 있다.

꽃창포는 식물구계학적 특정식물 Ⅱ등급으로 모든 식물 아구에 분포하지만, 주로 고산지대에 사는 식물이다. 특히 이 식물은 해외로 잎 한 장 반출 못 하는 국외반출 승인대상이기도 하다. 특정식물은 한반도 이남을 5개 지역으로 나뉘어 식물군의 분포범위를 구분하고 있으며, 가장 높은 Ⅴ등급일수록 희귀한 식물에 속한다.

꽃창포의 생태적 특징은 습지의 빛이 잘 드는 지역에 집단으로 분포하는 여러해살이풀로 학명은 'Iris ensata'이다. 한국 전역에 분포하며 산야의 습지에서 잘 자란다. 높이는 0.6~1.2m이고 전체에 털이 없다. 원줄기는 곧게 서는데 잎은 길이 0.2~0.6m로 창 모양이며 중간맥이 뚜렷하다. 꽃은 6~7월에 원줄기 또는 가지 끝에서 적자색으로 핀다. 꽃잎은 3개이며 가장자리가 밋밋하고 밑부분이 노란색을 띠어 벌과 나비가 쉽게 찾을 수 있다.

　우리 곁에 꽃창포가 살고 있다는 것은 어마어마한 일이다. 생물다양성의 회복
능력을 지닌 안정적이고 건강한 습지가 있다는 의미이기 때문이다. 꽃창포가 살고
있는 습지는 생물다양성 보고로서 야생 동·식물의 서식지, 수질 정화, 홍수조절,
여가, 심미적 기능 등 환경, 사회, 문화, 경제적으로 우리에게 매우 중요한 자연자
원으로 중요성이 크다.

🍃 자연과 공존하는 지름길, 습지 지키기

습지는 일반적으로 물이 흐르다가 흐름이 정체되어 오랫동안 고이는 과정을 통해 만들어진 지역이다. 습지는 많은 생명체에게 서식처를 제공하고 생명체들은 습지가 안정된 생태계를 유지하도록 하는 역할을 한다.

동시에 자연현상 및 인간 활동으로 발생된 유·무기 물질을 수리·수문·화학적 순환을 통해 변화시키고, 이러한 과정에서 자연적으로 수질을 정화시켜 '자연의 콩팥'이라고 불리기도 한다.

습지의 침수와 배수, 건조의 반복에 의해 다양한 미생물 군집이 이산화탄소, 아산화질소, 메탄과 같은 온실가스를 발생시키거나 제거하기도 한다.

장록습지

평두메습지

도갑습지

구림습지

2. 태풍에도 끄떡없는 당당함으로

/

백양꽃

ⓒ 임윤희

한여름, 태풍이 지나고 난 다음날이었다. 산중턱에서 계곡으로 내려가던 길에 만난 백양꽃 무리를 보았다. 꽃대는 사라지고 알뿌리만 남아 있었다. 이곳저곳에 상처투성이로 버티고 있는 백양꽃 알뿌리를 보고 있으니 마음이 아팠다. 그중 빗물이 흐르는 곳으로 꽃대 하나가 올라왔다. 태양을 닮은 붉은 꽃은 시련 속에서도 용감하게 피었다. 태풍 앞에서도 흔들리지 않고 꽃대를 올리는 백양꽃을 보면 자연이 참으로 대단하기만 하다.

백양꽃은 전남 장성군 백양사 주변일대에서 자생하는 꽃이라는 의미에서 붙여진 이름이다. 수선화과에 속하며 식물구계학적 특정식물 Ⅳ등급으로 한 아구에만 분포하는 식물이다. 한국적색목록의 취약종(VU)이며 해외로 잎 한 장 반출 못 하는 국외반출 승인대상이다.

전남 장성군 백양사

백양꽃의 생태적 특징은 산지에 자라는 여러해살이풀이다. 비늘줄기는 난형이며 겉껍질이 흑갈색이다. 잎은 길이 30~40cm다. 꽃줄기는 잎이 스러진 후 나온다. 9월에 붉은 벽돌색 꽃이 피는데 꽃자루 끝에 4~6개가 산형으로 옆으로 달린다. 꽃자루는 약간 편평한 원주형이며 희미한 둥근 선이 2개 보인다. 수술, 암술은 꽃잎 밖으로 길게 나오며 꽃밥은 연한 황색이다. 그늘지고 공기 중 습도가 높으며 땅이 비옥하고 약간 습한 지역을 좋아한다.

꽃과 잎을 동시에 볼 수 없다는 상사화, 백양꽃도 상사화랑 같은 가족이다. 상사화처럼 꽃줄기는 잎이 스러진 후 나온다. 상사화에 비해 잎 가운데 잎줄에 흰빛이 돌고, 꽃은 붉은 벽돌색이라서 연한 자주색의 상사화와 구분할 수 있다. 전라남도 백암산, 무등산 등에 분포하는 한국 고유종이다. 10개소 미만의 자생지가 있으며, 꽃이 아름다워 사람들의 욕심에 훼손이 가장 심한 식물이다. 백양꽃과 상사화는 봄에 잎이 먼저 나오지만, 꽃무릇이나 개상사화는 가을에 잎이 나온다. 추위에 약해 주로 남도지역에서 자생하는 풀꽃이다.

© 임윤희

/

붉노랑상사화

무등산국립공원 용추계곡 가는 길에 핀 붉노랑상사화가 반갑다. 무리지어 피거나 1~2개체가 계곡 주변에 폈다. 꽃이 피기 전에는 붉노랑상사화를 만나기가 쉽지 않다. 기다란 꽃줄기는 잎이 스러진 후 나온다. 꽃대가 나와 노란 꽃이 펴야 비로소 붉노랑상사화라는 것을 알아차린다. 기억을 더듬어 꽃핀 자리를 여러 번 서성이지만 헛수고를 하는 경우가 많다. 때론 노란 꽃이 아름다워 피기도 전에 사람들이 꺾어가기 일쑤다. 알뿌리가 통째로 사라지거나 꽃이 피기도 전에 꽃대가 잘리기도 한다. 그래서 더 안타까운 붉노랑상사화다. 백양꽃과 함께 상사화의 일종이다.

붉노랑상사화는 붉은빛을 머금은 노란색이라는 의미에서 붙여진 이름이다. 일명 '개상사화'라고도 불린다. 수선화과에 속하며 식물구계학적 특정식물 Ⅳ등급으로 한 아구에만 분포하는 식물이다. 외국에 없는 우리나라 고유종으로 해외로 잎한 장 반출 못 하는 국외반출 승인대상이다.

생태적 특징으론 비늘줄기는 지름 4.5~5.2cm의 목이 긴 난형이며, 겉은 막질이고 흑갈색을 띤다. 잎은 2~5월에 4~8개가 포개져 자라며 선형에 녹색이다. 꽃자루는 8월에 나오고 높이가 40~60cm에 달하며 붉은빛이 도는 녹색이다. 꽃은 4~8개가 꽃자루 끝에 달리며 노란색 또는 붉은빛이 도는 노란색이다. 꽃잎은 가장자리가 물결 모양으로 주름지며, 끝이 뒤로 젖혀진다. 경기 강화도, 충남 난지도, 전라북도, 전라남도 등 서해안에 가까운 지역과 제주도에 분포한다.

왜 붉노랑상사화는 다른 식물처럼 잎과 꽃이 차례로 나지 않고 가슴앓이하며 시기를 두고 따로 나는 것일까? 붉노랑상사화와 같은 상사화 종류는 땅속에 있는 비늘줄기가 비대해지면 꽃눈이 생겨 꽃을 피운다. 이후 비늘줄기가 최대치로 커지게 되면 더는 꽃을 피우지 않고 비늘 줄기의 일부가 새로운 개체로 분화해 번식하는 특징이 있다. 그래서 상사화 종류는 꽃가루를 만들어 날아가거나 종자를 산포해 번식하지 않는다. 대신 영양번식으로 증식한 개체들을 여러 지역으로 옮겨 심도록 하는 생존전략을 갖고 있다.

© 임윤희

무등산국립공원 용추폭포

4. 높고 깊은 숲속 보물

/

큰앵초

© 임윤희

투명하게 부서지는 햇살이 뭇 생명에게 인사를 건네니 새잎들이 저마다 온 힘을 다해 희망을 틔운다. 새록새록 연초록의 녹음으로 짙어지고 있다. 높고 깊은 숲속에서 앵초꽃 중에 큰앵초를 만난다. 군락으로 무리지어 졸참나무 아래서 피어난 큰앵초는 단풍잎처럼 생긴 새잎 위로 연분홍 꽃을 피고 있다. 큰앵초는 높은 산 북서사면의 습한 숲속에서 만날 수 있는 식물이다. 키는 20~40cm로 앵초보다 2배가 크다. 앵초가 낮은 지역에서 질 무렵이면 큰앵초는 해발 1,000m에 있는 산지에서 피기 시작한다.

큰앵초는 꽃모양이 앵두꽃처럼 닮았거나 바람개비처럼 생긴 꽃잎통에서 앵앵거리는 소리가 난다고 해 붙여진 이름이다. 앵초과에 속하며, 식물구계학적 특정식물 Ⅱ등급으로 모든 식물 아구에 분포하는 식물이며 국외반출 승인대상이다.

생태적 특징은 앵초과에 속하는 여러해살이풀로 깊은 산의 응달이나 물가 습지에서 잘 자란다. 키는 30~40cm 정도 되며 전체에 잔털이 난다. 잎은 뿌리에서 나는데 잎자루가 길고, 원형 또는 심장형이다. 가장자리가 얕게 갈라지며 불규칙한 톱니가 있다. 꽃은 진분홍색으로 통꽃이고 7~8월에 핀다. 잎 사이에서 나온 꽃자루 끝에 1~4층의 꽃이 달리며 각 층에 5~6개 꽃이 달린다. 열매는 긴 타원형 삭과로 7~8월에 성숙한다. 우리나라 전역에 나고 자라며, 중국 동북부, 일본 등에 분포한다.

큰앵초와 앵초는 꽃이 화려하고 예뻐서 원예종으로 사랑받고 있다. 시중에서 판매하는 큰앵초와 앵초는 대부분 개량종이자 원예종이다. 이런 원예종은 사람들이 재배하면 잘 자라는 편이지만, 야생화인 큰앵초와 앵초를 키우면 거의 죽는 편이다. 매년 멸종위기종이나 특정식물을 조사한 결과 불법 채취로 사라질 확률이 가장 높다. 생물다양성 측면에서 한 종이 사라진다는 것은 인류자산이 감소하는 결과로 이어진다. 결국 인류가 파멸하는 지름길로 가지 않기 위해서는 그들과 함께 공존하는 세상으로 100년, 아니 그보다 먼 내일을 보면서 보전하려는 마음이 필요하다.

5. 반짝반짝 별을 찾아

/

동의나물

동의나물은 산 정상 부근에 무리지어 산다.

동의나물을 찾으러 지리산국립공원 정상에 올랐다. 정상 부근 그 높은 곳에 신기하게도 산지 습지가 있고 동의나물이 넓게 자라고 있다. 노란꽃이 무리지어 피어난 동의나물 군락지는 흔히 습지 내부에서 주로 성장하기 때문에 서식처를 훼손하지 않고 관찰해야 한다. 산지 습지는 산에 자연적으로 형성된 습지로 인위적인 훼손에 예민하다. 특히 동의나물이 군락으로 필 때는 세심한 자세로 주의 깊게 살펴보아야 한다.

동의나물은 독성이 있다고 '독의나물'이라 한 것이 동의나물로 붙여진 이름이다. 물론 이름에 따른 다양한 해석이 많다. 물동이에서 유래했다는 설도 있는데, 이는 심장 모양의 반짝거리는 잎을 오므리면 물동이처럼 물을 길을 수 있다는 의미이다. 잎이 별처럼 유난히 반짝반짝 빛이 나기 때문에 이 설명이 붙은 이유를 짐

작게 한다. 미나리아재비과에 속하며 식물구계학적 특정식물 II등급으로 모든 식물 아구에 분포하는 식물이다. 이 식물은 해외로 잎 한 장 반출 못 하는 국외반출 승인대상이다.

생태적 특징은 산속 습기 많은 곳에 자라는 여러해살이풀로 줄기는 매끈하고, 높이는 30~60cm에 이른다. 아래쪽 줄기는 비교적 연약해 옆으로 비스듬히 눕기도 한다. 뿌리잎은 모여 나며, 잎자루가 길고, 둥근 심장형으로 큰 것은 지름이 20cm에 이른다. 줄기잎은 잎자루가 짧거나 없다. 꽃은 4~5월 줄기 위쪽에 2~4개씩 달리며 노란색이다. 꽃받침잎은 5~7장이며, 꽃잎처럼 보인다. 꽃잎은 없다. 수술은 많고, 암술은 4~16개다. 전국에서 자라며 따뜻한 제주도에는 자라지 않는다.

동의나물은 매년 산나물을 채취하는 계절이 다가오면 명성을 크게 얻는다. 식물에 나물이라는 이름이 붙여졌으니 오해를 부를 만도 하다. 하지만 동의나물은 독초이다. '아네모닌Anemonin'이라는 독성분이 있어 함부로 채취하거나 먹으면 안된다. 특히 동의나물은 산나물인 곰취와 그 생김새가 유사해 혼동하기 쉽다.

실제 곰취와 동의나물은 잎 생김새, 광택, 두께, 향 등으로 구분할 수 있다. 동의나물은 잎의 주맥과 측맥이 뚜렷하지 않고 잎자루가 붙은 잎 밑부분이 흰빛을 띠지만, 곰취는 반대로 잎의 맥들이 뚜렷하고 흰빛이 돈다. 동의나물은 잎자루에 2줄의 홈이 있지만, 곰취는 1줄의 홈이 있는 것도 차이점이다. 봄철에 독초로 인한 식중독이 자주 발생하는데, 꽃이 피기 전에 잎을 구별하기가 쉽지 않기 때문이다.

곰취

6. 천 번을 울어야

/

매미꽃

© 임윤희

매미꽃은 6월부터 꽃이 노란색으로 피기 시작한다. 가로수 길가에서 매미가 울 때쯤이면 마음이 바빠진다. 지리산국립공원, 무등산국립공원, 월출산국립공원 등 낮은 계곡지대에서 높은 지대까지 이 샛노란 꽃이 피기 때문이다. 여름 장마가 시작될 즈음에 피기 시작해 비에 흠뻑 젖어 습기를 가득 품은 매미꽃을 종종 볼 수 있다. 빗속에서도 꿋꿋이 자란 모습에서 야생화의 강인함이 느껴진다. 한국에서만 볼 수 있는 고유종인 매미꽃의 아름다움에 절로 어깨가 들썩인다.

모든 생명의 탄생이 그렇듯 꽃들 역시 자연의 질서 속에 차례를 기다린다. 하지만 요즘은 기후변화로 꽃피는 시기를 가늠하기가 쉽지 않아 자연의 질서가 무너지고 있단 생각이 든다. 매미꽃 역시 그렇다. 본래 매미꽃은 매미가 나올 무렵인 6~7월에 꽃이 펴 붙여진 이름이다. 하지만 최근 들어서는 기후 위기 상황이 점차 심각해지고 있어 꽃피는 시기가 2달이나 빨라져 4월부터 꽃을 볼 수 있다. 어찌 보면 "땅속에서부터 매미가 천 번을 울어야 그 신호를 알아차린 매미꽃이 흐드러지게 피어나는 것이 아닐까?" 생각해보는 귀한 우리꽃이다. 기후위기에 처한 안타까운 지표종에 속하며, 식물구계학적 특정식물 IV등급으로 한 아구에만 분포하는 식물이다. 외국에 없는 우리나라 고유종으로 해외로 잎 한 장 반출 못 하는 국외반출 승인대상이다.

생태적 특징은 양귀비과에 딸린 여러해살이풀로, 높이는 20~40cm 정도이다. 뿌리에서 나는 잎은 잎자루가 길고 소엽은 3~7개가 달린다. 그 잎에도 잎자루가 있고 타원형, 난형 또는 도란형으로서 끝이 길게 뾰족해지며 가장자리에 날카로운 톱니가 있다. 잎자루와 잎에는 잔털이 난다. 줄기를 자르거나 끊으면 빨간 유

액이 나온다. 꽃은 노란색이고 6~7월에 피며 잎자루보다 긴 꽃자루 끝에 1~10
개의 꽃이 위를 보며 달린다. 꽃받침잎은 2개이며 넓은 타원형으로 일찍 떨어지
고 꽃잎은 동글동글한 난형이다. 수술은 많으며 꽃잎보다 짧고 암술은 1개이다.
지리산국립공원부터 남도지역의 산지에서 자란다.

　　매미꽃은 피나물과 닮은 식물이다. 자생하는 지역에 따라 서로 혼동해서 부르
기도 한다. 매미꽃은 주로 지리산국립공원 이남지역에 분포하고 있으며 매우 희
귀한 식물에 속한다. 매미꽃이나 피나물은 모두 양귀비과에 속하는 식물로 꽃은
화려하지만 향기가 없거나 줄기를 자르면 황적색의 유액이 나오는 것이 특징이
다. 그래서 양귀비과인 매미꽃이나 피나물꽃에는 나비, 개미, 나방 등 곤충들이
잘 날아오지 않는다.

/

백작약

© 임윤희

©임윤희

깊은 숲속에 백작약이 모습을 드러낸다. 꽃대에서 하얀색 꽃이 탐스럽게 핀 백작약을 만나니 마음이 풍성해진다. 자연속에서 백작약을 만난다는 것은 흔치 않은 일이다. 수술머리는 보랏빛으로 매혹적이다. 매년 백작약은 그 자리에서 잎과 꽃대를 올려서 피어주지 않으면 살아 있는지 알 수가 없는 여러해살이풀이다. 이와 유사한 모란은 나무이기 때문에 단단한 목질부가 있다. 백작약, 작약, 모란 등은 예부터 부귀를 상징해 많은 사랑을 받은 대표적인 꽃이기도 하다.

백작약은 작약 중에 흰색 꽃이 피어 붙여진 이름이다. '약'이라는 이유로 빠르게 사라지는 백작약이 숲속 깊은 곳에서 꼭꼭 숨어 피고 있다. '꼭꼭 숨어라, 머리카락 보일라' 노래를 부르며 응원해주고픈 식물이다. 미나리아재비과에 속하며 식물구계학적 특정식물 II등급으로 모든 식물 아구에 분포하는 식물이다. 이 식물은 적색목록 준위협종(NT)이며, 해외로 잎 한 장 반출 못 하는 국외반출 승인대상이다.

백작약이 지닌 생태적 특징은 건조한 산지에 드물게 자라는 희귀식물이다. 뿌리는 굵고, 줄기의 높이는 40~50cm 정도이다. 아래쪽에 몇 개의 비늘잎이 모여난다. 잎은 어긋나며, 잎몸은 난형 또는 난상 타원형이다. 작은 잎은 긴 타원형 또는 도란형으로 끝은 뾰족하고 가장자리는 밋밋하다. 잎 뒷면에 털이 있다. 꽃은 5~6월에 흰색으로 피며, 줄기와 가지 끝에 1개씩 달린다. 꽃잎은 5~7장, 도란형이다. 우리나라 전역에 자생하며, 일본에도 분포한다. 전국적으로 자생지가 20개소가 있으나 개체수가 그렇게 많은 편은 아니다.

　자연에서 백작약을 보기란 거의 하늘에서 별을 따는 모양새다. 인위적인 간섭이 전혀 없이 해발고도가 높은 지대의 비옥한 땅에서 만날 수 있는 백작약은 꽃이 하얗게 피어 눈에 쉽게 띈다. 꽃으로도, 약용으로도 이용가치가 높아 항상 훼손 위험에 처해 있다. 백작약을 만나 4년 동안 개체수와 동태를 파악하고 조사를 진행했는데 작년에는 텅 빈 구덩이만 남아 있었다. 굵은 육질의 뿌리를 약용으로 사용하기 때문에 사라지는 속도를 감당하기 어렵다. 이런 일들이 비일비재하게 일어나고 있는 현실이 안타깝다. 보전가치가 높은 희귀한 식물인 백작약이 매년 사라지는 것은 인류 기본자산인 생물다양성이 감소하는 결과로 이어진다. 모든 생명은 생명에서 생명으로 이어진다. 지구적인 사고가 필요한 때이다.

8. 바다 낙지처럼

/

낙지다리

© 임윤희

습지 가장자리에 있던 낙지다리가 꽃을 피우기 시작했다. 웬 낙지다리냐고 다들 놀랄 만도 하다. 바다나 갯벌에 있어야 할 낙지다리가 습지에 있다고 하면 대부분 의아해하면서도 큰 관심을 두기도 한다. 그만큼 습지에서 낙지다리라는 식물이 갖는 존재감은 특별하고 조금 더 각별하게 다가온다. 그 이유는 무엇일까? 아무래도 '습지에서 생명의 존엄성을 알려주는 존재라서가 아닐까' 하는 생각을 해본다. 낙지다리는 언제나 미래를 바라보는 희망이 담겨 있다.

낙지다리는 꽃모양이 바다 낙지처럼 생겼다고 해서 붙여진 이름이다. 돌나물과에 속하며 식물구계학적 특정식물 Ⅳ등급으로 한 아구에만 분포하는 식물이다. 한국적색목록 관심대상종(LC)이며 해외로 잎 한 장 반출 못 하는 국외반출 승인대상이다.

낙지다리의 생태적 특징은 습지에서 높이가 30~70cm 정도로 자라는 여러해살이풀이다. 뿌리는 땅속으로 가지가 길게 뻗어 자란다. 잎은 어긋나며 좁은 피침형으로 양 끝이 좁다. 잎 가장자리에 잔 톱니가 있고 털이 없으며 막질이다. 잎자루는 거의 없다. 꽃은 6~7월에 황백색으로 피며, 줄기 끝에서 가지가 사방으로 갈라져 생긴 총상꽃차례에 위쪽으로 치우쳐서 달린다. 꽃차례에는 짧은 샘털이 있다. 꽃받침은 담녹색으로 종 모양이며 끝이 5개로 갈라지고 꽃잎은 없다.

낙지다리는 우리나라에는 1종, 전 세계에는 2종이 분포하고 있다. 번식력이 왕성해 습지식물로 전국적으로 분포하며, 분포지역 및 개체수가 많은 편이지만 습지가 나날이 사라지면서 훼손 위험에 놓여있다.

여름의 낙지다리

겨울의 낙지다리

지난 20년간 우리나라 습지는 60%가 개발로 사라지거나 훼손이 가속화되고 있다. 무엇보다 남도의 습지가 가장 빠른 속도로 사라지고 있다. 습지는 생물다양성의 보고이다. 탄소흡수원으로서 역할 뿐만 아니라 홍수, 가뭄, 재해, 휴양 등 다양한 기능을 제공하며 지구의 허파라고 할 수 있다. 기후변화와 함께 습지생물 다양성의 중요성을 아무리 강조해도 부족하다. 사실 특별한 일이 생기는 법은 간단하다. 내가 먼저 움직이고 다가가는 것이다. 매년 세계습지의 날이 오면 가까운 곳으로 습지답사나 산책을 나서보자. 그곳에서 자연의 아름다움과 우리 곁의 환경과 일상을 생각해보자.

평두메습지와 장록습지

　매년 2월 2일은 '세계 습지의 날'이다. 1971년 이란의 람사르에서 세계 18개국이 모여 협약을 체결했으며, 세계는 매년 이날을 '세계 습지의 날'로 정하고 습지의 소중함을 널리 알리는 계기로 삼고 있다. 「람사르협약」은 습지 보호와 지속가능한 이용에 관한 국제 조약으로 공식 명칭은 「물새 서식지로서 특히 국제적으로 중요한 습지에 관한 협약(the convention on wetlands of international importance especially as waterfowl habitat)」이다. 줄여서 「습지에 관한 협약(Convention on Wetlands)」이라는 약어를 사용하기도 한다.

　전 세계적으로 경작지 확장, 제방 건설, 갯벌 매립 등으로 습지가 지속적으로 감소하고 있다. 이런 상황에서 습지는 생태·사회·경제·문화적으로 커다란 가치를 지니고 있다. 습지를 보전하고 현명한 이용을 유도함으로써 자연 습지가 인류와 환경의 체계적 보전을 위한 역할을 맡도록 해야 한다. 현재(2021년) 171개국이 가입했으며, 우리나라는 1997년 101번째로 「람사르협약」에 가입했다. 국내에서도 국제적인 흐름에 발맞추어 습지의 가치가 점점 중요해지고 있다.

　낙지다리는 습지 서식처를 복원하고 식생회복평가를 할 때 중요한 지표종으로 생태 건강성의 판단기준이 된다. 이런 낙지다리를 생각하면 무등산 평두메습지와 황룡강 장록습지가 먼저 떠오른다.

◈ 무등산 평두메습지

평두메습지는 무등산국립공원내에 있는 산지습지로 3년 전만 하더라도 농사를 짓지 않는 묵논으로 버려진 땅이었다. 이후 2018년부터 2년간 광주전남녹색연합 등 시민단체와 한국환경생태학회 보호지역분과위원회가 공동으로 자연생태조사를 실시하고 그 결과를 발표했다. 결국 2020년 12월에 국립공원 특별보호구역으로 지정됐고, 이후 단계별로 사유지 매수를 통해 평두메습지가 확대지정되고 습지복원도 함께 이루어지고 있다. 이런 성과를 가져올 수 있었던 그 중심에는 낙지다리가 주인공 역할을 톡톡히 했다. 연구·조사 결과 과거 도로변에서 1~2개체만 보였던 낙지다리가 복원 2년(2022)이 경과 한 현재 100개체 이상으로 빠르게 증가하고 있다.

◈ 황룡강 장록습지

　장록습지는 도심하천으로는 전국 최초 습지보호지역으로 국내에서 26번째로 지정됐다. 습지보호지역 지정의 필요성을 외친지 13년이 걸린 2020년 12월에 주민, 환경단체, 학계, 정부가 민주적인 갈등 해결의 모범 사례로 손꼽히면서 선정됐다. 그 과정에서 광주광역시 습지전수조사 실시 제안과 3년간의 습지생물다양성 세미나, 시장간담회, 국내 및 해외 선진지 견학 등 많은 활동을 통해 습지의 중요성을 깨닫고 인식전환의 계기를 마련했다. 이곳에서도 낙지다리가 산발적으로 분포하고 있어 생태적으로 가치가 높다는 것을 보여줬기 때문에 이 모든 게 가능한 일이었다. 습지에서 이 정도의 존재감이라면 낙지다리는 '자연의 희망'이라고 이름표를 달아줘도 좋을 듯싶다.

　이제 평두메습지와 장록습지를 람사르습지로 등록하는 일이 남아 있다. 그 중심에 낙지다리가 핵심역할을 해주리라 믿고 있다.

9. 시간을 정확하게

/

산딸나무

산딸나무의 꽃턱잎

산딸나무 꽃이 피기 시작하면 저 멀리서도 한눈에 띨 정도로 온 산천에 하얀색 빛이 난다. 하얀 꽃턱잎이 십자가 모양으로 네 장이 모여 마치 꽃잎처럼 보인다. 처음부터 꽃턱잎은 하얀색은 아니다. 봄에는 잎과 함께 초록색 빛깔로 나오다가 꽃피는 6월에 이르러야 서서히 하얀색으로 바뀐다. 마치 시간을 정확하게 알려주기라도 하겠다는 듯이 말이다. 꽃이 너무 작아 혹시라도 수분매개자가 찾지 못할까 봐 눈부시게 하얀색 빛깔의 신호등을 깜박거린다. 나비, 곤충, 새 등 수분매개자는 하얀색 신호등을 쉽게 찾아 꽃에 내려앉고 꽃의 꿀을 빨기 시작한다. 드디어 산딸나무의 열매가 맺기 시작하면 그 여름은 아름다운 산딸나무 꽃과 꽃턱잎이 그리도 원했던 소원을 이룬 것이다. 이제 열매는 치유와 성장의 몸부림으로 꽃과 꽃턱잎의 소원을 품고 익어간다.

산딸나무의 열매

산딸나무는 열매모양이 산딸기처럼 생겼다고 해서 붙여진 이름이다. 산딸기처럼 생긴 열매는 맛이 달아 새들의 먹이로 인기가 많다. 한국적 색목록 관심대상종(LC)이며 해외로 잎 한 장 반출 못 하는 국외반출 승인대상이다. 한국 원산으로 학명은 'Cornus kousa'이다. 반면에 미국 사람들이 가장 사랑하는 대표적인 미국산딸나무가 있다. 일명 '십자가나무'라고도 하는데 성탄절 예수님과 관련된 나무이기도 하다. 예수가 못 박힌 십자가 재질이 바로 이 산딸나무여서 매우 고통스러워했다는 유래가 있다. 우리나라 산딸나무와는 다르게 꽃턱잎의 끝이 오목하고 붉게 물들여 있다. 미국에서는 육종연구가 활발해 개량종으로 미국산딸나무 종류가 다양하다. 이 중에서 꽃산딸나무는 분홍색, 하얀색, 빨간색 등 색깔, 모양, 형태가 다양하게 개량된 수종이다.

산딸나무의 생태적 특징은 국립공원이나 보호지역 깊은 숲속에 자라는 낙엽활엽 큰키나무로 10m 이상 자란다. 온대 중부 이남의 해발 300~500m 산에서 자라며, 관상수로 심기도 한다. 나무껍질은 어두운 잿빛이거나 갈색으로 나이를 먹어도 갈라지지는 않으나 작은 조각이 조금씩 떨어진다. 가지는 층층나무속이라서 층을 지어 옆으로 퍼진다. 잎은 마주나고 달걀 또는 타원 모양이다. 같은 속인 층층나무, 산수유와 비슷하게 잎맥이 휘어서 잎끝으로 몰린다. 가장자리는 밋밋하거나 잔물결 모양의 톱니가 조금 있다. 5~6월이 되면 작년에 난 가지 끝에서 두상꽃차례로 꽃이 피며 암수한그루로 자란다. 꽃이 잔가지 끝에 20~30개가 꽃자루 없이 머리 모양으로 둥글게 붙고, 꽃차례 밑에 흰 턱잎 조각이 4개가 붙는 점에서 층층나무와 구별된다. 공원수, 정원수로 심으며, 열매는 식용으로 사용한다. 우리나라 중부, 남부에서 자라며 중국, 일본 등에도 분포한다.

매미 우는 소리가 주변의 소음마저 감싸 안을 때, 산딸나무는 온 산하에 꽃소식을 전한다. 꽃이 워낙 작다 보니 꽃잎처럼 보이는 하얀 꽃턱잎이 생존전략으로 크게 보이는 포장술을 선택한 것이다. 꽃이 지더라도 하얀 꽃턱잎은 오래오래 시들지 않고 열매가 빨갛게 익을 때까지 보호 역할을 한다. 마치 꽃송이 전체가 오래오래 피어있는 것처럼 보인다. 생태학적으로는 수분 곤충 눈에 띄기 위해 꽃을 아름답게 변형시킨 잎의 변형기관이라고 볼 수 있다. 꽃과 종자가 진화한 오랜 역사 속에서 모든 꽃은 시들어 떨어지기 마련이지만, 산딸나무의 하얀 꽃턱잎은 꽃과 잎의 역할을 하느라 지칠 줄을 모른다.

© 임윤희

병아리난초

경사진 바위들이 모여 있는 곳을 살펴보면 이끼들 사이에서 피어난 병아리난초를 만날 수 있다. 계절을 맞추지 못하면 꽃을 보기 쉽지 않다. 분홍빛으로 피어나는 꽃들은 마치 봄나들이 나온 병아리처럼 앙증맞게 줄지어 선 듯 때를 맞춰 차례로 피어난다. 척박한 암석이나 바위 위에서 새벽이슬을 먹고 피어나는 병아리난초가 신비롭기만 하다.

병아리난초는 난초 가운데 꽃이 가장 작고 병아리 모양과 비슷하다고 붙여진 이름이다. 난초과에 속하며 주로 바위에 자란다고 해서 '바위난초'라고도 한다. 병아리난초는 땅에 뿌리를 박고 사는 형태의 지생란에 속한다.

난초과 식물은 착생란과 지생란으로 구분한다. 착생란은 나무나 바위 등의 표면에 붙어서 사는 난초이고, 지생란은 땅에 뿌리를 박고 사는 형태의 난초이다. 난초의 뿌리는 잔뿌리가 없으며 땅속에 여러 가지 모양의 덩이뿌리를 갖고 있다. 덩이뿌리는 휴면에 들어가는데, 이는 더운 여름과 가뭄을 견디기 위한 나름의 적응 현상이다.

생태적 특징은 숲속 부식토가 덮인 축축한 바위 곁에서 사는 여러해살이풀이다. 덩이뿌리 1~2개는 굵어지며, 수염뿌리가 있다. 줄기는 비스듬히 서며, 가늘고, 높이는 8~25cm다. 잎은 줄기 아래쪽에 1개씩 달리며, 긴 타원형 또는 넓은 타원형으로 밑이 줄기를 조금 감싼다. 꽃은 6~7월에 줄기 끝의 총상꽃차례에 5~25개씩 피며, 한쪽으로 치우쳐 달리고, 연한 붉은색이다. 열매는 7월에 익으며, 짧은 열매자루가 있다.

난초과 식물은 속씨식물 중 국화과 식물 다음으로 가장 번성한 식물군 중 하나이며 주변 환경에 매우 특화되어 고도로 진화한 식물이다. 난초의 꽃이 수정된 뒤 열리는 열매는 매우 작은 씨가 수십만 개 들어 있는데, 영양분이 없어 스스로 발아할 수 없다. 땅속에서 생활하는 곰팡이의 도움을 받아야만 발아할 수 있다. 이를 특정 공생균의 균사로 '난균'이라고 부르기도 한다. 발아하더라도 바로 잎과 뿌리가 나오는 것이 아니고, 동그란 덩어리를 만들어 꽃을 피우기까지 보통 3~5년 정도의 시간이 걸린다. 물론 성장이 느려 발아에서 꽃이 피기까지 10년이 걸리는 난초도 있다. 이런 난초과 식물들의 종자는 공생균인 난균 없이는 자연발아가 힘든데다가 서식지가 조금만 훼손되어도 사라질 수가 있다. 이 때문에 난초과 식물은 멸종위기종이나 희귀식물로 지정될 확률이 높다.

3장 가을&겨울

나이테는 겨울에 더 강하다.

꽃이 지니 열매세상, 가을과 겨울이다.
열매가 떨어지고 추운 겨울에도 나무의 나이테는 자란다.
겨울에 자란 나이테는 더 강하다.
모든 것을 멈춤과 포기함으로써 더 많이 성장한다.

1. 뻐꾹뻐꾹, 가을을 부르다

/

뻐꾹나리

여름이 한창일 때, 뻐꾹새는 제 알을 다른 새의 둥지에서 키우기 위한 탁란을 하기 위해 분주하다. 그쯤이면 뻐꾹나리도 숲속 그늘 속에서 줄기와 잎을 내면서 자란다. 꽃이 피기 전까지는 아무도 거들떠보지 않고, 단지 풀에 지나지 않은 뻐꾹나리이다. 화려한 여름꽃인 장미 못지않게 오롯이 자신만의 빛깔로 가을을 부르며 꽃대를 힘차게 올리면서 핀다. 꽃이 피면 그냥 지나치지 못할 정도로 독특하고 매혹적이다. 마치 외계인처럼 머리에 안테나를 달고 나타난 느낌이라고 할까? 아니면 꼴뚜기를 뒤집어 놓은 모양새라고나 할까? 우리가 세상을 살면서 만났던 여러 가지 모양새를 맞춰보는 재미에 빠져들게 한다. 마치 우연한 만남을 운명으로 착각하게 만든다. '너의 아름다움을 내 품에 갖고 싶다'는 강한 욕구를 불러일으키는 뻐꾹나리의 묘한 매력에 가을이 성큼 다가옴을 느낀다.

뻐꾹나리는 꽃잎의 자주색 무늬가 뻐꾸기의 가슴색 털 모양과 비슷하다고 해서 붙여진 이름이라고도 하고, 뻐꾸기가 울 무렵 꽃을 피우는 나리라고 해서 붙여졌다는 설이 있다. 모두 정확한 연원이 불분명하지만, 생김새가 독특하고 인기가 많아서 외계화, 꼴뚜기나리, 분수대 등 별명처럼 붙은 다양한 이름이 많은 편이다. 한국 적색목록에서 관심대상종(LC)이며 해외로 잎 한 장 반출 못 하는 국외반출 승인대상이다.

뻐꾹나리의 생태적 특징은 백합과로 산지 숲속에 자라는 여러해살이풀이다. 땅속줄기는 곧고 길게 자라며, 마디에서 수염뿌리가 난다. 줄기는 곧추서며 높이는 40~100cm 정도로 자란다. 잎은 어긋나며, 넓은 타원형 또는 넓은 계란형이다. 잎 가장자리는 밋밋하다. 꽃은 8~9월에 피는데 줄기 끝과 위쪽 잎겨드랑이에 달리며, 흰색 바탕에 자주색 반점이 있다. 꽃잎은 6장이며 2줄로 붙고 뒤로 조금 젖혀진다. 바깥쪽 꽃잎은 넓은 계란형이며 아래쪽에 돌기가 있고, 안쪽 꽃잎은 뾰족한 피침형이다. 암술대와 수술대는 기둥 모양으로 솟아 있다. 암술대는 위쪽에서 3갈래로 깊게 갈라진다. 우리나라 중부 이남에 자생하며 일본, 중국 등에 분포한다.

반그늘 숲속에서 자주 만나는 뻐꾹나리는 산중턱 해발 900m 이하 저지대에 주로 자생한다. 띠형태로 주변 숲길 또는 탐방로를 따라 자라는 식물이지만, 꽃이 피기 전에는 눈에 쉽게 띄지 않는다. 종자번식을 위한 생존전략으로 묵묵히 자기만의 빛깔을 드러내기 위해 한여름 줄기와 잎의 체력을 부지런히 키운다. 이후 가을이 오면 꽃을 피우며 존재감을 드러내기 시작한다. 비로소 주변을 화려하게 비추며 수분을 하고 씨앗을 맺는다. 일련의 과정이 끝나면 또다시 내년을 준비하기 위해 뿌리를 뺀 나머지 식물체는 모두 사그라든다. 운명을 온전히 받아들이며 묵묵히 살아내는 뻐꾹나리의 삶이 눈물겹다. 뻐꾹나리처럼 부지런히 살아가면 원하는 바를 이뤄낼 수 있다는 자연의 지혜를 배운다.

© 임윤희

참 당 귀

높은 산 계곡부 주변에서 향긋한 냄새가 풍겨온다. 도라지, 더덕, 상산나무 등 꽃이 보이지 않더라도 그 냄새만으로도 존재감이 확실한 식물들이다. 그중에서도 1순위를 꼽자면 바로 참당귀다. 참당귀는 식물체 전체 향기가 독특해 완전한 식물체를 보기가 쉽지 않다. 새순은 누군가에 의해 뜯겨버리고 일부 줄기만 남아 있는 경우가 대부분이다. 새순과 줄기가 자라서 꽃을 피우기까지 동물이든 사람이든 가만 놔두지 않는다. 오로지 바위 꼭대기에 참당귀 꽃만이 외롭게 피어나 고고한 자태로 꽃향기를 품어내고 있다. 접근하기 쉬운 곳에선 식물체 전체가 향기 나는 광고를 한 덕분에 새순과 줄기가 뜯기더라도 기어코 꽃은 피고 수분매개자는 찾아와 그들만의 방식대로 진화해 종자번식에 성공한다.

참당귀는 한자로 '마땅 당(當)'에 '돌아올 귀(歸)'를 쓰는데, 직역하면 마땅히(당연히) 돌아온다는 뜻이다. 남편이 당연히 돌아온다는 '당귀(當歸)'라는 의미에서 붙여진 이름이다. 특히 부인병에 탁월한 효과가 있는 약초로 옛부터 감초, 생강과 함께 가장 많이 사랑받은 약용식물이다. 산형에 속하며 식물구계학적 특정식물 Ⅲ등급으로 총 2개 아구에 분포하는 식물이다. 해외로 잎 한 장 반출 못 하는 국외반출 승인대상이다.

참당귀 잎은 약용뿐만 아니라 식용, 관상용 등 이용가치가 높다

참당귀의 생태적 특징은 전체에 자줏빛이 돌고, 뿌리는 굵고, 강한 향기가 있다. 줄기는 곧추서며, 속이 비고, 높이는 1~2m다. 잎은 찢어진 무잎처럼 생겼고 가장자리에는 날카로운 자국이 있다. 꽃은 8~9월에 우산 모양으로 피며, 자주색이다. 열매는 가장자리에 날개 같은 능선이 있다. 높은 산 그늘진 습지 주변에서 자생하고 가끔은 바위 주변에서 볼 수도 있는데 꽃이 피지 않으면 발견하기 쉽지 않다. 전국에 자생하며, 중국과 일본에 분포한다.

참당귀는 약용식물로 한국, 중국, 일본 등에서 사용하는 한약재이다. 한국에서는 참당귀, 중국에서는 중국당귀, 일본에서는 일당귀를 이용하고 있다. 옛날부터 약재로 이용하기 위해 야생 참당귀를 약초꾼이 채취해 국내 자생지가 현저하게 줄어들고 있다. 특히 참당귀는 약용뿐만 아니라 식용, 관상용 등 높은 이용가치로 인해 현재 높은 산, 고지대 계곡에서 일부 제한적으로 자생하고 있다.

한대와 온대지역의 산림식생숲으로 주로 아고산지대 해발 700~1,300m의 오대산, 지리산, 치악산, 무등산 등 국립공원 보호지역 내에서 자라고 있다. 사라져가는 희귀식물의 안전한 서식처가 필요하다. 야생식물이 주인으로 살 수 있는 국립공원과 같은 보호지역을 확대·지정하는 이유가 여기에 있다.

3. 국화의 계절

/

구절초

ⓒ 임윤희

가을은 국화의 계절이다. 때에 맞춰 구절초가 산 정상부 바위 지대에서 피어난다. 유난히 하얀 꽃잎은 마치 물가에 젖어 반짝이는 듯 눈부시다. 높은 산기슭을 가야 만날 수 있는 구절초이지만, 요즘은 공원이나 축제장에서 관상용으로 자주 볼 수 있는 꽃이기도 하다. 구절초는 들국화의 대표종으로 쑥부쟁이, 개미취, 벌개미취 등과 같이 언제든지 가을이 오면 쉽게 만날 수 있는 정감 가는 식물이다. 꽃이라고 해서 아무 때나 피지 않는다. 어떤 종류는 낮이 긴 봄과 여름에 꽃이 피고, 또 어떤 식물은 반대로 낮이 짧은 가을철에 핀다. 가을에 꽃 피는 식물은 대부분 국화과 식물이 대다수이다. 그 다음으로 콩과, 장미과 순으로 핀다. 역시 가을은 국화의 계절이라고 할 만하다.

구절초는 가장 경사스러운 절기인 중양절 혹은 중구일(음력 9월 9일) 무렵에 잎과 뿌리의 약성분이 뛰어난 약초라고 해 이름이 붙여졌다고 한다. 구절초는 국화과 여러해살이풀이며 '구절'이 중양절을 의미한다. 약용식물명은 선모초이며, 신선이 어머니에게 내린 약초라 해서 부인병에 탁월한 효과가 있다고 전해진다. 구절초 무리에는 낙동강 유역에 나는 낙동구절초, 경기도 포천 근처의 한탄강가에서 자라는 포천구절초, 울릉도의 나리동에만 나며 천연기념물 제52호인 울릉국화, 한라산에서 처음 발견된 한라구절초, 산구절초, 잎이 가늘게 갈라지는 가는잎구절초 등 약 10종류다. 각각 자라는 서식지와 환경에 따라 모양과 생김새가 다르다. 반면 외국에서 들어온 원예종의 국화는 샤스타데이지와 마가렛 등이 있는데 주로 여름에 공원이나 학교 화단에서 흔히 볼 수 있다.

구절초의 생태적 특징은 높이는 1m 정도이고, 뿌리줄기가 옆으로 길게 뻗으며 번식한다. 뿌리잎은 난형, 잎밑이 수평이거나 심장형이고, 가장자리는 얕게 갈라지며, 잎끝은 둔하다. 줄기에 달리는 잎은 매우 작고, 약간 깊게 갈라진다. 꽃은 7~11월에 핀다. 꽃은 혀꽃과 통꽃으로 구성돼 있고, 혀꽃은 흰색 또는 분홍빛이 도는 흰색이다. 열매는 8~11월에 익는다. 구절초는 냇가의 둑길 옆, 산기슭 풀밭 등에 무리지어 난다. 습하고 그늘진 곳에선 살 수 없는 양지식물이다. 구절초는 씨로도 번식하지만 주로 땅속으로 길게 뻗는 땅속줄기로 번식한다. 한곳에 무리 지어 나는 이유는 바로 이런 번식 방법과 관계가 있다. 우리나라 전역에 나며, 중국, 러시아 등에 분포한다.

들국화는 노래 주제에도 자주 나올 만큼 우리에게 친숙한 꽃이다. 그러나 식물 도감에는 들국화란 식물명은 없다. 가을이 시작되면 높은 산, 낮은 들녘, 공원, 학교 화단, 정원 등 국화과 꽃이 우리의 눈을 즐겁게 한다. 늘 손쉽게 만날 수 있는 꽃이기에 들국화라 불릴 정도로 국화과 식물은 고등식물의 90%를 차지하며 꽃을 피우는 식물 가운데 종수가 가장 많다. 약 25,000 ~ 35,000종으로 이는 전체 속씨식물의 약 10%에 해당한다.

국화과는 남극을 포함한 지구의 모든 대륙에서 자랄 정도로 진화에 성공한 식물이다. 지구 기후가 춥고 건조해질 때 다양한 모습으로 진화하면서 민들레, 해바라기, 쑥부쟁이 등 현존하는 국화과 식물이 대거 출현한 것이다. 이처럼 국화과 식물이 진화에 성공한 이유는 독특한 꽃모양에 있다. 꽃의 구조가 수많은 혀꽃과 통꽃이 하나의 꽃다발을 이룬 것이 비결이라고 할 수 있다. 그리고 속씨식물이 나타날 시기에 국화과에 알맞은 수분매개자로서 역할인 곤충의 출현 역시 한몫했다. 결과적으로 국화과는 기후변화에 적응하면서 식물 행성의 주인공으로 곤충과 함께 공진화해 온 것이다.

/

산국

황금색 빛깔의 꽃이 가던 길을 멈추고 반겨준다. 바로 산국이다. 꽃향기가 그윽해 들국화 중 가장 좋아한다. 다른 국화에 비해 꽃이 가장 작고 새가지 끝에서 옹기종기 무리지어 핀다. 이 꽃이 필 즈음이면 장마철과 태풍 부는 한여름을 지나 가을 끝자락과 겨울 그사이 경계 어디쯤이다. 열매를 맺는 성숙의 계절을 맞이한 가운데 꽃을 피우니 그 향기가 진하게 자극적이다. 붉은 단풍빛깔보다 샛노란 꽃이 사람들을 더욱 설레게 하니 벌이나 나비 입장이라면 찾기가 더 쉽지 않을까 싶다.

산국은 산에 피는 국화라고 해서 붙여진 이름이다. 가을이면 전국 숲 어디서나 볼 수 있는 대표적인 들국화로 '개국화'라고도 부른다. 흔하다고 함부로 다뤄서는 안 된다. 언제까지나 함께 가꾸고 보존해야 한다. 산국은 국화과에 속하며 해외에 잎 한 장 반출 못 하는 국외반출 승인대상이다.

생태적 특징으론 줄기는 곧추서며, 위쪽에서 가지가 갈라지고, 높이는 1~1.5m다. 잎은 어긋나며, 잎자루가 짧다. 줄기 아래쪽 잎은 넓은 난형으로 5갈래로 깊게 갈라지고 가장자리에 자국이 있다. 꽃은 9~11월에 피는데 줄기와 가지 끝에서 꽃이 노란색으로 모여서 피며, 향기가 좋다. 산지 숲 가장자리에 흔하게 자라는 여러해살이풀이다. 우리나라 전역에 나며, 중국, 일본 등에 분포한다.

감국

산국을 이야기하자면 감국을 말하지 않을 수 없다. 같은 시기에 피는데 생김새와 빛깔도 비슷하기 때문이다. 그래서 항상 혼동하기 쉽다. 산국은 감국에 비해서 줄기는 항상 곧추서며, 꽃이 조금 작다. 그래서 구별이 쉽고 꽃들이 모여 있는 모양도 감국에 비해 뭉쳐서 피는 특징을 보인다. 대체로 작은 꽃일수록 뭉쳐서 피는 경향이 있는데, 벌과 나비가 수분을 할 때 효율성을 높이기 위한 그들만의 생존전략이다.

이처럼 식물은 끊임없이 수분매개자인 곤충들과 함께 공진화를 통해 꽃과 열매를 환경에 적응해왔다. 그 결과 오늘날 우리가 꽃과 열매라고 부르기까지 억겁의 시간을 거쳐 눈물겹게 아름다운 본연의 모습을 선보이고 있다.

5. 피 토하는 그리움

/

동백나무

© 임윤희

한겨울, 함박눈이 내리면 제주도부터 대청도까지 그 나무의 안부가 궁금하다. 자신에게 부여된 존재 목적을 이루기 위해 꿋꿋하게 꽃을 피워내고야 마는 동백나무는 한파와 추위를 가장 싫어하기 때문이다. 제주도 선흘곶자왈 동백동산에 핀 동백꽃, 서해안에 있는 천리포수목원의 동백꽃, 대청도의 동백꽃 등 이맘때쯤이면 직접 찾아가 만나보고 싶은 마음이 굴뚝같다.

한겨울에 피 토하듯 빨간 꽃망울이 통째로 뚝뚝 떨어지는 동백나무를 보고 있으면 그리움이 깊어진다. 남쪽 섬 지역에서 겨울바다의 찬바람을 맞으며 한평생 바다를 터전 삼아 어부의 삶을 살고 계시는 부모님이 생각나기 때문이다. 유난히 동백꽃이 필 무렵이면 겨울바다에 세찬 바람이 불어온다. 남쪽 바닷가에서 함박눈은 보기 쉽지 않지만, 한파 못지않은 매서운 찬바람으로 인해 체감온도는 더 낮다. 그래서 섬 지역의 상록활엽수림인 동백나무 숲은 겨울에도 두꺼운 잎들이 떨어지지 않아 방풍림의 역할을 한다. 섬마을 입구에서 볼 수 있는 마을 앞 동백숲은 자연경관으로 친근하다. 마을과 어선들을 보호해주는 동백나무의 꽃이 뚝뚝 떨어지니 난 오늘도 그 꽃과 나무들이 사무치게 그립다.

동백나무는 겨울에 꽃이 핀다고 해 붙여진 이름이라고 하는데 정확하지는 않다. 동백(冬柏)의 '동'자는 '겨울 동', '백'자는 측백나무, 잣나무를 지칭하는 한자이기 때문이다. 동백나무는 측백나무 또는 잣나무하고는 전혀 다른 차나무과로 전혀 연관이 없다. 추위에 약해서 해안가는 대청도가 가장 북쪽에 위치한 경우이고, 따뜻한 이남이라 하더라도 전남 담양에서는 묘목이 한파로 월동하지 못하고 고사하는 경우가 많았다. 어린 묘목을 담양 삼인동숲에 이식했으나 지난해 폭설과 한파로 생육상태가 고사하거나 불량한 상태다. 현재 지속적인 모니터링 중이다.

동백나무는 추위와 한파에 매우 약하다. 따라서 국가 기후변화 지표종으로 지정해 변화를 관찰하고 있는 수종이다. 식물구계학적 특정식물 Ⅰ등급으로 3개의 아구에 걸쳐 분포하는 식물이기도 하다. 해외로 잎 한 장 반출 못 하는 국외반출 승인 대상이다.

생태적 특징은 해안가 산지에 자라는 상록수 소교목으로 높이는 7m 정도이다. 수피는 회갈색이고 작은 가지들은 갈색이다. 잎은 어긋나게 달리고 타원형이다. 잎 가장자리에는 파상의 잔 톱니가 있으며 표면은 짙은 녹색이고 뒷면은 황록색이다. 꽃은 2~4월에 붉은색으로 피는데 절반 정도 벌어져 핀다. 꽃받침잎은 5개로 계란형이며 꽃잎 5~7개가 밑에서 합쳐지며 핀다. 열매는 갈색으로 익는다. 경상북도 울릉도와 남·서해안 산지에 자생하며 일본, 중국에도 분포한다.

동백나무는 상록활엽수림의 대표 수종이고 난대수종이다. 난대수종은 동백나무를 포함해 붉가시나무, 생달나무, 구실잣밤나무 등이 있다. 우리나라의 난대성 상록활엽수림의 주요 분포지는 한반도의 남부 해안지방과 도서지방을 비롯해 동해안은 경남 울산 춘도와 경북 울릉도, 서해안은 백령도를 중심으로 한 대청도 및 소청도에 이른다. 그중 남부지역인 제주도, 전라남북도, 경상남도에 가장 넓게 형성되어 있다. 난대수종의 총면적은 9,669ha로 이 중 전라남도가 3,736ha(38%)를 차지하고 있다.

특히 완도, 강진, 진도, 고흥에서 자라는 난대수종은 대부분 천연기념물로 지정해 관리하고 있다. 지정 이유를 보면 물고기가 서식하는데 알맞은 환경을 제공해 물고기 떼를 유인하는 어부림의 역할을 하고, 몇몇 상록수림의 경우 바람으로부터 마을과 농경지를 보호하는 방풍림의 기능, 상록수림 자생지로서의 중요성 등 여러 가지 역할을 하고 있어서다. 민속적·생물학적·학술적 가치가 높아 천연기념물로 지정해 보호하고 있다. 지구 환경의 변화와 도시화 촉진에 따른 자연녹지 공간 감소로 인해 사라져가는 자연유산을 계승·발전시킨다는 측면에서 그 존재 가치는 높이 평가될 수 있다. 따라서 국가 기후변화 지표종인 동백나무의 존재 가치를 소중하게 지켜내는 우리들의 관심과 사랑이 절실히 필요하다.

6. 오를수록 고개를 숙이는

산오이풀

안개 속을 걸어가다 만난 산오이풀 한 가족이 꽃대를 흔들며 반긴다. 높은 산 바위 주변에서 안개 속 습기를 머금으며 자라나는 산오이풀이 반갑기만 하다. 꽃이 피기 전에는 산오이풀인지 알기가 쉽지 않지만 피고 나면 존재감이 확연히 드러난다. 꽃이 화려하고 잎에서 향긋한 냄새가 나기 때문이다. 그냥 지나칠 수 없는 매력을 지닌 꽃이라 눈길 한번 주는 것으론 서운하다고 외친다. 납작 엎드려 자세히 보아야 할 이유와 여유를 주는 산오이풀이다.

오이풀

산오이풀은 잎에서 상큼한 오이 냄새가 난다고 해서 붙여진 이름이다. 오이풀 식물은 세계 약 10종이 있으며, 우리나라에는 오이풀, 긴오이풀, 흰오이풀, 산오이풀, 가는오이풀 등 5종이 살고 있다. 이 중 산오이풀이 가장 화려하고, 꽃피는 기간이 가장 길다. 초여름부터 가을까지 피는데, 가을에 피는 대표적인 꽃으로 뽑는다. 장미과에 속하며 식물구계학적 특정식물 III등급으로 총 2개 아구에 분포하는 식물이다. 우리나라 고유종으로 해외로 잎 한 장 반출 못 하는 국외반출 승인대상이다.

산오이풀의 생태적 특징은 고도가 높은 산지 능선 혹은 근처 햇빛이 잘 드는 바위틈이나 풀숲에 자라는 여러해살이풀이다. 뿌리줄기는 굵고 옆으로 뻗는다. 줄기는 털이 거의 없고 잎은 어긋난다. 줄기잎은 작으며 뒷면 밑부분에 흔히 누운 털이 있다. 꽃은 8~9월에 피는데 붉은 자줏빛이고, 가지 끝에 다닥다닥 달린다. 경남 지리산, 가야산, 전남 무등산, 전북 덕유산, 강원 설악산 등에서 자란다.

벼 이삭이 익으면 고개를 숙인다는 말이 있다. 열매가 익어갈수록 알곡이 꽉 차 무게중심이 기울기 때문이다. 산이 높으면 높을수록 고개를 숙이는 꽃이 바로 산오이풀이다. 조그마한 꽃들이 뭉쳐서 꽃다발을 이룬 꽃이 하나둘씩 피기 시작하면 점점 고개를 앞으로 숙인다. 한편 낮은 산에 사는 오이풀은 꽃을 하늘을 향해 꼿꼿이 핀다. 오를수록 고개를 숙이는 산오이풀이 피는 가을 끝자락. 산에 오른 보람과 겸손이라는 자연의 지혜를 산오이풀에게서 배운다.

물매화

봄에 매화꽃이 눈부시게 핀다면 가을엔 습지에서 물매화가 피어난다. 매화꽃은 나무이지만 물매화는 풀이다. 풀과 나무를 구별하는 방법은 나이테의 유무, 목질부의 유무 등으로 나뉜다. 물매화는 잎도 꽃도 줄기에서 하나씩 달려 나온다. 물이 조금이라도 흐르는 축축한 땅, 습지에서 가을빛을 닮아 고고한 자태로 피어난다. 한번 이 꽃을 만나고 나면 매년 꽃피는 시기에 가슴이 설레 안 가고는 못 배길 정도로 매혹적인 꽃이다.

물매화는 꽃이 매화를 닮았고 물이 많은 습지나 물에 서식한다고 해서 붙여진 이름이다. 풀매화, 물매화풀, 매화초라고도 한다. 전 세계에 10종이 있으며, 우리나라에는 물매화와 애기물매화 2종이 있다. 꽃이 한꺼번에 무리를 지어 피면 마치 선녀가 단아하게 앉아 있는 듯하다. 범의귀과에 속하며 습지생물다양성의 지표종이다.

물매화의 생태적 특징은 산지의 볕이 잘드는 습지에서 자라는 여러해살이풀이다. 꽃줄기는 뿌리에서 여러 대가 나온다. 뿌리에서 난 잎은 잎자루가 길고 잎몸은 둥근 심장 모양이다. 줄기잎은 보통 1장이며 밑이 줄기를 반쯤 감싼다. 꽃은 8~10월에 피는데 1개씩 달리며 흰색이다. 꽃받침은 5장이며 녹색이고, 꽃잎은 5장이며 둥근 계란형이다. 암술은 대부분 흰색이지만 꽃밥이 붉은색도 있어 벌과 나비를 유인하고자 꽃가루받이를 하려는 전략이다. 갈래 끝에 둥글고 노란 꿀샘이 있다. 우리나라에 전국적으로 분포하고, 중국 동북부, 일본, 러시아 등지에 분포한다.

물매화가 자생하고 있는 습지는 생물다양성이 높지만, 훼손 우려도 크다. 우리나라는 1970년대 이후 국토개발이라는 명목으로 습지를 비롯한 공간에 도로를 개설하고, 공단이나 택지를 조성하는 등 습지의 중요성이나 생태적 기능에 대한 이해가 부족한 상태에서 개발을 우선시하는 정책을 취했다. 이후 1990년대 들어 우리나라에서도 습지의 중요성과 가치에 대한 재인식에 힘입어 체계적으로 관리정책을 진행하고 있으며, 경상남도 창녕의 우포늪 복원사업을 계기로 2008년 국제적으로 중요한 습지 협약인 「람사르협약」의 총회를 유치하는 단계에 이르렀다. 서울시를 비롯한 타 지자체도 하천과 저수지, 그리고 산간 습지 등을 보존·복원 또는 생태녹화 등 체계적인 관리정책을 추진하고 있다.

습지생태계는 지형 특성과 생태적 위치를 고려할 때 비록 작은 규모거나 전체면적에서 차지하는 비율이 매우 낮은 상태라 할지라도 생태적 거점과 희소성 측면에서 귀중한 자연자산이다. 따라서 생물다양성의 보고인 습지의 훼손을 줄이기 위해 습지 발굴, 습지보호지역 지정 및 확대, 람사르습지 등록 등 습지 보전·관리를 위해 다양한 노력이 필요하다.

용담

©임윤희

　가을이 깊어지고 서리가 내릴 무렵 꽃들 중 대부분이 자취를 감춘다. 이때쯤 종소리를 울릴 것 같은 모양의 진한 보라색 꽃이 피어난다. 바로 용담꽃이다. 꽃봉오리가 피기 시작하면서 나팔꽃 모양으로 위쪽을 향해 부풀면서 핀다. 용담꽃은 화려한 단풍들 사이에서 자신을 드러내기 위해 더욱더 강렬한 청보랏빛으로 한껏 매력을 발산한다. 가을이면 대부분 사라지는 벌과 나비들을 유혹하기 위해 뒤늦게 폈지만 절대로 포기하지 않는다.

　용담은 용의 쓸개보다 더 쓰다고 해서 붙여진 이름이다. 굵은 수염뿌리는 쓴맛이 강한데 위를 튼튼하게 하는 약재로 사랑받은 약초식물이다. 용의 쓸개보다 더 쓰다고 하니 정작 용을 만난 적도 먹어본 적도 없으니 알 수 없다. 자연을 담은 약국이란 뜻은 그만큼 용담이 귀하게 여겨졌다는 의미일 것이다. 이 식물은 용담과에 속하며 해외에 잎 한 장 반출 못 하는 국외반출 승인대상이다.

용담의 생태적 특징은 뿌리줄기는 짧고, 수염뿌리가 많다. 잎은 마주나고 잎 가장자리와 잎줄 위에 잔돌기가 있어 까칠까칠하다. 잎 앞면은 자주색을 띠고, 뒷면은 연한 녹색이다. 잎자루는 없다. 꽃은 8~10월에 피는데 줄기 끝과 위쪽 잎겨드랑이에서 1개 또는 몇 개가 달리며, 보라색 또는 드물게 흰색이다. 꽃자루는 없다. 꽃받침은 종 모양, 5갈래로 갈라진다. 산지 숲 가장자리 햇볕이 잘 드는 곳에서 자라는 여러해살이풀이다. 초가을부터 서리가 내리는 늦가을까지 꽃이 피고, 우리나라 거의 모든 지역에서 산다. 용담의 높이는 20~60cm 정도이다. 중국 동북부, 일본, 러시아 동북부 등에도 분포한다.

가을에 피는 꽃들은 봄부터 서서히 꽃피울 준비를 해오다가 해가 기울어 짧아지고 온도가 서늘해지기 시작하면 "아차 겨울이 다가오고 있잖아"라며 서둘러서 꽃을 피운다. 식물 대부분은 뿌리와 줄기, 잎들과 같은 영양기관이 완전히 자라고 나면 꽃을 피우고 열매를 맺을 준비를 한다. 그러나 영양기관이 다 자랐다고 해서 아무 때나 꽃이 피지는 않는다. 계절별로 보면 여름에 약 70%가 꽃을 피우고, 가을에는 약 14.5%가 꽃을 피운다. 용담은 서두르지 않고 가을 끝자락에 피는 꽃으로 자신을 드러내는데 소홀함이 없다.

/

산수국

© 임윤희

푸른색 나비 무리가 도란도란 모여 있는 듯 보이는 산수국이 빛깔을 뽐낸다. 짙은 푸른색 꽃들이 필 때면 벌과 나비들이 날아와 낙원과 정원을 이루며 웅성웅성 요란스럽다. 꽃이 나비인지, 나비가 꽃인지. 혼란스러운 가짜꽃이 있고, 진짜꽃이 있다. 가장자리의 가짜꽃은 열매를 맺지 못하고 가운데 암술과 수술이 있는 참꽃봉 오리인 진짜꽃 유성화는 자손 번식을 위한 열매를 맺는다. 진짜꽃은 너무 작고 앙 증맞아 자세히 보아야만 예쁘다. 꽃의 다양한 모습 덕분에 신비함과 경외감이 드는 산수국이다.

산수국은 산에서 자라는 수국이라고 해 붙여진 이름이라는 설이 있다. 산수국의 꽃 색깔은 다양해 처음에는 흰빛으로 피었다가 푸른색, 분홍색, 붉은색 등 변화무 쌍하다. 꽃잎 색깔이 이리 다양한 것은 색소가 조금씩 다르기 때문이다. 꽃의 색소 는 산수국이 사는 흙의 산성도에 따라 달라진다. 산성토양에서는 안토시아닌과 결 합해 푸른색이 나타나고, 알칼리성인 흙에서는 안토시아닌이 부족해 붉은색이 된 다. 산꼭대기 바위지대에서 사는 산수국이 대부분 산성토양이라서 푸른색을 띤다 면 낮은 지대의 숲에서는 붉은색을 주로 띤다. 범의귀과에 속하며 해외로 잎 한 장 반출 못 하는 국외반출 승인대상이다.

산수국의 생태적 특징은 계곡이나 산기슭의 바위틈에서 높이 0.5~2m쯤 자라는 낙엽 활엽 작은떨기나무이다. 줄기는 직립하며, 잎은 계란형으로 잎끝은 뾰족하 다. 꽃은 7~8월에 피는데 줄기 끝에 달리며, 꽃자루와 작은 꽃자루에는 털이 있다. 꽃차례 주변부에는 열매가 맺지 않은 무성화가 달리며, 3~5개 간혹 6~8개의 분 홍색 또는 파란색의 꽃받침이 마치 꽃잎처럼 달린다. 꽃받침조각 가장자리에는 조

산성 흙에서 자란 푸른 산수국   알칼리성 흙에서 자란 붉은 산수국

그만 톱니처럼 되기도 하며, 중앙에는 암술과 수술이 달리기도 한다. 꽃차례의 중
앙부에는 열매가 맺는 꽃들이 달리는데, 5장의 타원형 꽃잎과 10개의 수술, 그리고
2~3개의 암술로 구성된다. 열매는 9~10월에 맺힌다. 우리나라 경기도, 강원도 이
남에 나며, 일본의 혼슈, 시코쿠, 규슈 등지에 분포한다.

　산수국의 가짜꽃은 진짜꽃이 수정된 후 씨앗이 익기 시작하면 다시 초록색이나
갈색으로 변하면서 꽃줄기가 뒤로 젖혀진다. 진짜꽃이 모두 수정이 끝났으니 벌과
나비에게 안녕이라는 인사를 전하며 고개를 숙이는 것이다. 이렇게 진짜꽃이 없는
수국은 공원이나 정원 등에 주로 식재하는 원예종으로 산수국이 그 원조이다. 꽃을
보기 위해 품종을 개량한 수국은 가짜꽃을 공처럼 크게 만들어 아름답긴 하지만 열
매를 맺지 못한다. 그래서 수국은 번식할 수 없는 식물이다. 이와 유사한 식물이 불
두화, 설국화 등도 여기에 포함된다. 가짜꽃의 운명은 종족 보존을 위한 벌과 나비
의 유인책이 목적이었지만, 이에 그치지 않고 사람들에게 사랑받는 장식꽃으로 바
꿔어 원예종이나 조경수로 치유와 즐거움을 주고 있다.

10. 함께해야 강해진다

/

마타리

산 정상에 핀 마타리

　노란 물결 출렁이는 높은 산 억새평전. 꽃이 필 때가 되면 꽃대가 높이 자라고 꽃대와 꽃이 모두 노란색을 띠고 있어 억새꽃인지 마타리꽃인지 혼란스럽다. 가까이 보니 마타리꽃이 억새꽃에 밀리지 않기 위해 저 높이 꽃대를 올려서 그 작은 꽃들이 꽃다발처럼 뭉쳐서 핀다. 노란 꽃에는 꿀이 많아 벌과 나비들이 많이 모여든다. 작은 꽃일수록 함께 모여서 펴야 강해질 수 있다. 최소한의 에너지로 꽃가루받이를 할 수 있도록 그들만의 방식으로 전략을 펼치고 있다. 가을꽃 중 가장 작고 샛노란꽃으로 군락을 이루며 피어나는 모습이 반갑고 그저 기쁘다. 마타리처럼 이렇게 가느다란 작은 꽃들은 뭉쳐 핀다. 벌과 나비가 꿀을 먹을 때 수분을 빠르게 진행하기 위해서다. 이런 작은 움직임이 기후변화에 대응하는 식물들의 공생전략이다.

마타리는 깊게 갈라지는 잎이 마치 말의 갈기처럼 보인다고 해서 붙여진 이름이다. 특히 뿌리는 냄새가 심하고 마른 상태에서는 젓갈 냄새라 해도 믿을 만큼 그 정도가 역하다. 인동과에 속하며 세계적으로 13종이 있다. 우리나라에는 마타리, 금마타리, 돌마타리, 뚝갈, 긴뚝갈 5종이 있다. 금마타리는 섬 지방을 제외한 산지 습기가 많은 바위틈에서 자란다. 돌마타리는 중부 이북 높은 산이나 계곡의 습한 곳에서 자라고, 우리가 쉽게 만나는 뚝갈은 흰색 꽃으로 펴 전국에서 만날 수 있다.

마타리의 생태적 특징은 마타리속 가운데 가장 크며, 보통 0.6~1.5m로 자라고 잎은 마주난다. 밑에 달리는 잎은 잎자루가 있고 위로 갈수록 없어진다. 꽃은 7~10월에 노란색으로 피는데, 가지 끝과 원줄기 끝에 꽃들이 뭉쳐서 자란다. 산과 들처럼 양지바른 곳에 자라는 여러해살이풀이다. 열매는 돌마타리, 뚝갈과 다르게 날개가 없다. 우리나라 전역에 나며 일본, 타이완, 중국 만주, 러시아 동시베리아 등에 분포한다.

마타리꽃은 가을에 피는 꽃들 중 하나다. 구절초, 쑥부쟁이, 구슬붕이, 용담 등 가을에 피어나는 꽃은 일조 시간이 짧아지면서 피는 단일식물이다. 반면에 봄과 여름에 꽃이 피는 식물들은 낮이 길 때 꽃이 피기 때문에 장일식물이다. 식물이 꽃을 피우기 위해서는 식물체 내에 '피토크롬phytochrome'이라는 물질이 필요하다. 피토그롬은 식물이 휴면을 취할 수 있는 밤에 식물의 잎 속에서 만들어지는 물질로 밤의 길이에 따라 꽃의 개화를 결정한다. 피토크롬에 의해 마타리를 포함한 구절초, 산국 등 가을꽃은 긴 밤 동안 자연스럽게 핀다. 이렇게 순간을 놓치지도 않고 자기 때를 명확히 알고 피는 자연 그대로의 모습에서 말로 다 표현할 수 없는 신비로움을 느낀다.

마타리꽃이 흐드러지게 피어난 무등산국립공원의 정상부 일대는 절대보존지역
이지만 방공포대가 있는 군부대 주둔지이기도 하다. 이곳에서 나오는 인공불빛으
로 인해 꽃을 피우는데 필요한 피토크롬을 제대로 만들 수가 없다. 가을꽃에 필요
한 밤 시간, 즉 식물의 휴면 시간이 턱없이 부족하기 때문이다. 또한 소음으로 인
한 생태계의 교란은 야생동식물에게 스트레스와 서식지로서 안정감을 떨어뜨려
생물다양성을 감소시키는 원인 중 하나다.

특히 최근에 무등산 정상 개방으로 하루 2만 명이 넘게 탐방하는 행사문화는 절
대보존지역안에서 생태계에 악영향을 주고 촘촘한 생태계 균형에 결정적인 혼란
과 파괴를 가져다줄 수 있다. 게다가 무등산국립공원의 정상부를 복원도 하기 전
에 상시 개방을 한다는 것은 대한민국 22개(무등산을 제외한) 국립공원이나 전 세계
국립공원 그 어디에도 없는 부끄러운 행태이다. 절대보존지역은 인간의 영향을 절
대적으로 최소화하는 규제와 보존을 전제하는 관리방식을 기반한 지역을 말하기
때문이다. 특히 정상부는 한번 훼손되면 회복하는 데 오랜 시간이 걸린다. 복원하
더라도 최소 5년은 식물이 활착하도록 출입을 제한해야 한다. 그런데도 식생이 회
복하기까지 100년이 걸리는 게 아고산(1,000m 이상) 식생의 특징이다.

광주광역시와 국방부가 이른 시일 내 정상부 군부대를 이전하는 협약을 맺어 추
진하는 점은 환영하고 박수받을만한 일이다. 그러나 2013년 무등산이 도립공원에
서 국립공원으로 승격했을 때 국가(환경부)는 정상부의 군부대 주둔지를 이전하고
복원해 광주시민들에게 돌려주겠다고 약속했다. 국립공원은 국가(환경부)가 나서
서 체계적으로 관리하는 공원이다. 따라서 국가(환경부)는 적극적으로 광주광역시

(6차의제에 근거)와 국방부와 손잡고 보전 및 복원계획에 따라 무등산국립공원 정상부 복원을 추진해야 한다. 10년 전 무등산국립공원 지정 당시 광주시민들과 약속대로 국가(환경부)는 적극적으로 군부대이전 및 정상부 복원을 추진해 약속을 이행해야 한다.

지금이 그 시기이다. 가느다란 작은 꽃을 뭉쳐서 피는 마타리의 작은 움직임이 기후변화에 대응하는 식물들의 공생전략인 것처럼 국가(환경부)는 기후위기와 생물다양성 감소에 대응하기 위한 협력과 거버넌스를 통해 복원전략의 지혜를 모아야 한다.

무등산국립공원의 정상부

2부
보호지역의
남도풀꽃

들어가며

/

지리산국립공원

지리산국립공원은 우리나라 최초로 지정된 국립공원이라는 점만으로도 큰 의미가 있다. 그뿐만 아니라 국제적으로 생태계 균형보전을 위해 권고하는 400㎢이상의 면적 규모를 가진 유일한 국립공원이다. 설악산, 한라산과 함께 소위 한국의 3대 명산이자 국립공원인 지리산은 남도의 지붕 및 보금자리 역할을 해왔다.

1967년 12월 29일 우리나라 최초의 국립공원으로 지정된 지리산은 3개도(경상남도, 전라남북도), 1개시, 4개군, 15개 읍·면의 행정구역이 속해 있으며, 그 면적은 483.022㎢로서 23개 국립공원(2023년 5월 대구 팔공산이 23번째 국립공원으로 지정) 중 가장 넓은 면적을 가진 산악형 국립공원이다.

지리산 일대는 높은 봉우리가 많으면서도 웅장하고 유려한 계곡이 많은 것이 특징이다. 천왕봉에서 노고단에 이르는 주 능선의 거리가 25.5km로 60여 리가 되고, 둘레는 약 320km로 800리쯤 된다. 지리산 너른 품 안에는 해발 1,500m가 넘는 20여 개의 봉우리가 천왕봉(1,915m), 반야봉(1,732m), 노고단(1,507m)의 3대 주봉을 중심으로 병풍처럼 펼쳐져 있다. 또한 20여 개의 긴 능선이 있고, 그 품속에는 칠선계곡, 한신계곡, 대원사계곡, 피아골, 뱀사골 등 큰 계곡이 있으며, 아직도 이름을 얻지 못한 봉우리나 계곡들이 많다.

지리산은 온대남부에서 북부에 이르는 삼림식생과 아한대 수종으로 이루어진 고산지대림이 분포하고 있어서 생태적 가치가 매우 높다. 해발 1,915m의 천왕봉을 대표로 수많은 봉우리와 45km에 이르는 능선, 계곡이 분포하면서 다양한 기후, 지형적 특성에 의해 생물의 다양성이 높고, 심원계곡, 천왕봉, 반야봉, 피아골 등 지역은 생태계 보전이 양호한 편이다.

1. 소원 빌기

/

복주머니란

복주머니란을 만나고 나서 정말 덩실덩실 춤을 췄다. 멸종위기식물이라 귀하기도 하지만 훼손이 심해 복원한 계곡 주변에서 단 한 송이가 삐죽이 꽃대를 내고 얼굴을 보여준 것만으로도 감동이기 때문이다. 같은 장소를 6년 동안 다니면서 5월이면 그 꽃을 만나기 위해 오매불망 설레는 마음으로 기다린다. 어느 해에는 꽃대가 잘려 꽃이 피기도 전에 고사하고, 어쩔 땐 아예 보이지도 않아 애를 태운 적이 많다. 온전히 꽃을 피우고 열매를 맺기까지 결코 방심할 수 없는 꽃이 복주머니란이다. 사람들의 출입을 제한하고 복원한 계곡에서 만난 복주머니란은 이제 안전하게 서식지에서 살아갈 권리를 누릴 수 있다. 어쩌면 복주머니란이 소원빌기에 성공한 셈일지도 모른다. 그런 귀한 꽃을 만났으니 저절로 춤출 수밖에. 눈앞에서 복을 만났으니 말이다.

　복주머니란은 입술꽃잎 모양이 전통 복주머니를 닮은 데 비롯돼 붙여진 이름이다. 1996년에 식물명을 개명했는데, 이전에는 '개불알꽃'으로 불렀다. 개불알은 말 그대로 개의 불알로, 타원형으로 길게 늘어진 입술꽃잎을 보면 다른 설명을 붙이지 않아도 고개가 저절로 끄떡여진다.

　복주머니란은 일제강점기인 1937년 현재적 식물분류학에 따라 처음 발간된 『조선식물향명집(朝鮮植物鄕名集)』에 올라 있는 명칭이다. 난초과에 속하며 식물구계학적 특정식물 Ⅳ등급으로 한 아구에만 분포하는 식물이다. 한국적 색목록의 위기종(EN)이며 멸종위기식물 Ⅱ등급으로 매우 보기 드문 식물에 속한다.

　복주머니란의 생태적 특징은 산지의 경사진 풀밭이나

『조선식물향명집(朝鮮植物鄕名集)』
ⓒ 한독의약박물관

숲속에서 여러해살이풀로 드물게 자생하는 난초이다. 전체에 털이 있으며, 뿌리는 땅속줄기에서 나오며 가늘고, 뿌리줄기는 짧게 옆으로 뻗는다. 줄기는 곧추서고 높이는 0.2~0.4m 정도로 자란다. 잎은 어긋나며, 3~5장이 달린다. 잎자루 아래는 짧은 잎집으로 줄기를 감싼다. 꽃은 5~7월에 연한 홍자색, 흰색, 분홍색 등으로 핀다. 입술 꽃잎은 주머니처럼 부푼다. 주머니 안쪽에 털이 있다. 제주도를 제외한 한반도 전역에 난다.

복주머니란을 포함한 멸종위기식물의 공통점은 예쁘거나 약용가치가 높다는 것이다. 그래서 누군가가 욕심을 버리지 못하고 꺾어가거나 뽑아간다. 국가는 이를 법정보호종으로 지정해 매년 개체수 파악과 분포지역의 생태 환경조사를 하고 있지만 조사관리가 쉽지 않다. 보호지역인 국립공원 내에 특별보호구역을 지정해 멸종위기동식물을 철저하게 관리하더라도 몰래 채집하는 사람들을 완벽하게 차단하고 막아내기가 쉽지 않다. 사라져가는 식물들을 어떻게 하면 복원할 것인지 고민이 깊어지는 지점이기도 하다.

이런 상황이 지속되면 멀지 않아 생태계에서 이 식물들이 절멸해 사라진다는 것. 그러니까 생명체 종의 종말이 다가오고 있음을 알고 나면 우리는 당장 멸종위기식물의 보호와 복원을 위해 작은 실천이라도 해야 한다. 먼저 우리 스스로 작은 실천을 해보자. 샛길로 다니지 않기, 숲 탐방로를 벗어나지 않기, 예쁜 꽃을 보면 사진으로만 담기, 숲지킴이 자원활동 참여해보기 등 지속적인 관심과 참여가 멸종위기식물을 살리고 자연의 건강성을 회복하는 길이 될 것이다. 미래 후손들에게도 그 꽃과 식물들이 하늘이 내린 선물이자 이 땅에서 선사해준 축복임을 알게 하자.

● '멸종위기식물'이란?

멸종위기식물은 「야생생물 보호 및 관리에 관한 법률」에 따라 환경부가 지정·보호하는 식물들을 말한다. 즉, 자연적 또는 인위적 위협요인으로 개체수가 현격히 감소하거나 소수만 남아 있어 가까운 장래에 절멸될 위기에 처해 있는 야생식물을 말한다. 법으로 지정해 보호·관리하는 법정보호종으로 현재(2022년 기준) 멸종위기식물 Ⅰ급 13종과 멸종위기야생식물 Ⅱ급 79종, 총 92종으로 나누어 지정하고 있다.

멸종위기식물 1급은 자연적 또는 인위적 위협요인으로 개체수가 크게 줄어들어 멸종위기에 처한 야생식물이다. 광릉요강꽃, 금자란, 나도풍란, 만년콩, 비자란, 섬개야광나무, 암매, 죽백란, 털복주머니란, 풍란, 한란, 제주고사리삼, 탐라란 등 총 13종이 속한다.

멸종위기식물 Ⅱ급은 자연적 또는 인위적 위협요인으로 개체수가 크게 줄어들고 있어 현재의 위협요인을 제거하거나 완화하지 않으면 장래에는 멸종위기에 처할 우려가 있는 야생식물이다. 가시연꽃, 가시오갈피, 개가시나무, 각시수련, 가는동자꽃, 갯봄맞이, 검은별고사리, 구름병아리난초, 기생꽃, 끈끈이귀개, 나도승마, 날개하늘나리, 넓은잎제비꽃, 노랑만병초 등 79종이다. 물론 멸종위기동물까지 포함하면 Ⅰ급이 68종, Ⅱ급이 214종으로 총 282종을 지정·관리하고 있다.

날개하늘나리

끈끈이귀개 ⓒ 임윤희

2. 바람 따라 피는 꽃

/

어리병풍

솜털같은 새순이 솟는다. 단풍잎처럼 생긴 새순은 우산 모양으로 자라 점점 몸집이 커진다. 바위와 땅이 만나는 곳이나 바위틈새에서 꼿꼿이 잎을 내고 꽃을 피워낸다. 유난히 잎이 커서 마치 병풍처럼 펼쳐져 눈길이 가지 않을 수 없다. 꽃대는 식물 전체 2~3배로 높이 올려 화려하지 않지만 흰색으로 핀다. 꽃대가 높다보니 바람 따라 이리저리 흔들리면서 피는 눈물나게 작은 꽃, 어리병풍의 고고한 자태가 반갑기만 하다.

어리병풍은 병풍쌈보다 잎이 작고 어리다는 의미에서 붙여진 이름이다. 이 식물 종들은 자생식물 중에서 잎이 가장 크고 모두 나물로 먹는다는 공통점이 있다. 그래서 이런 종을 묶어서 '병충취'라고 한다. 특히 어리병풍과 병풍쌈은 비슷하게 생겨서 혼동하기 쉽다. 어리병풍은 잎몸의 가장자리가 비교적 얕게 갈리거나 최대 중간까지 갈린다. 병풍쌈은 깊게 갈리는 점에서 다르다. 어리병풍은 병풍쌈과 함께 국화과에 속하며 박쥐나물속 식물로서 세계적으로 80여 종이 살고 있다. 병풍쌈은 잎과 줄기에서 독특한 향기가 나며, 개병풍은 2022년에 멸종위기식물에서 해제된 식물이다. 어리병풍은 식물구계학적 특정식물 Ⅳ등급으로 한 아구에만 분포하는 식물이고 한국적색목록의 관심대상종(LC)이다. 외국에 없는 우리나라의 고유종으로 해외로 잎한 장 반출 못 하는 승인대상이다.

어리병풍의 생태적 특징은 깊은 산 숲속 낙엽이 두껍게 쌓인 축축하고 반 그늘진 곳에서 높이 60~100cm쯤 자라는 여러해살이풀이다. 줄기는 곧게 서고, 줄이 있고 윗부분에 털이 약간 있다. 잎 앞면과 뒷면 맥 위에 털이 약간 있고 잎자루는 짧다. 꽃은 7~8월에 피는데 연한 황색이고 꽃차례가 줄기 끝에 달린다. 모인꽃싸개는 길이

8mm, 너비 5mm이고 꽃싸개잎 조각은 5개, 피침형이고 밑부분에 1~2개의 꽃싸개 잎이 있다. 씨로 번식한다. 우리나라 충북 속리산, 민주지산, 경북 주흘산, 전북 내장 산, 덕유산, 전남 담양, 무등산, 지리산 등지에 분포한다.

어리병풍이 바람에 흔들리며 향기를 내뿜고 있다. 그 향기는 우리나라 생물 주 권을 부르짖으며 전 세계로 뻗어나갈 기세다. 꽃보다 잎이 가장 무성하게 자리를 잡고 지구상에서 우리나라에만 분포하는 특산식물로 살고 있다. 빛나되 눈부시지 않은 어리병풍이 잘 살아줘서 그저 눈물나게 아름답고 감사하다.

 ### '자생식물'이란?

'자생식물'이란 산이나 들에 자연상태로 발생해 생육하고 있는 식 물들을 광범위하게 일컫는 용어이다. 이 대상이 되는 식물의 종류는 아주 많다. 자생식물은 귀화식물에 상대적인 개념으로 인위적으로 재 배하지 않은 야생식물 가운데 귀화식물을 제외한 식물만을 일컫는 용 어이다. 자생식물은 보는 이로 하여금 마음을 편하게 해주고 자연성을 느끼게 해준다. 국내에는 4,000여 종이 넘는 자생식물이 서식하며, 이 중 특산식물이 있다. '특산식물'은 특정지역에만 한정적으로 분포하 는 식물을 말한다. 즉 시간의 흐름에 따라 새로운 곳으로 옮겨가 그곳 의 환경에 적응하면서 다른 곳에서는 볼 수 없는 독특한 특징을 지니 는 전혀 새로운 식물이다.

3. 수만년을 버텨온 힘으로

/

구상나무

© 임윤희

지리산국립공원 세석평전에서 만난 구상나무는 상록 푸른 뾰족한 잎을 내고, 청년의 늠름한 모습처럼 매우 잘생긴 나무다. 나무 형태가 원뿔 모양으로 잎 뒷면에서 은색 빛이 나기 때문이다. 열매가 맺힐 때는 마치 나뭇잎 위로 종 모양의 새집이 하나씩 얹혀있는 모양새다. 꽃이나 열매 빛깔이 자주색, 검은색, 붉은색, 녹색, 초록색 등 변화무쌍하다. 마치 주변 환경에 따라 제 몸 색깔을 자유자재로 바꾸는 카멜레온이 따로 없다. 이 나무를 만나면 우람하고 푸른 기상에 저절로 마음이 숙연해지면서 알현하는 마음가짐이 든다. 구상나무의 수명은 120년 이상이고, 서식지는 해발고 500~2,000m 사이 고산지대에서만 사는 빙하기 식물이기 때문이다. 수만년을 버텨온 그 힘으로 오늘도 당당히 살아가 주길 바라는 나무다.

구상나무는 제주도 방언 '쿠살낭'에서 붙여진 이름이다. '쿠살'은 '성게', '낭'은 '나무'라는 뜻으로 잎이 가지에 달린 모습이 바다성게와 닮아서 붙은 이름이다. 빙하기가 끝난 후 12,000년 전 가문비나무와 분비나무가 한반도에 들어왔다. 이 가문비나무와 분비나무가 남도지역 고산지대에 살면서 돌연변이에 의해 구상나무가 분화했다고 추정하고 있다. 현재 빙하기 식물 중 남아 있는 잔존종으로 해발고가 낮은 남도지역에서는 더워서 살 수 없는 국가기후변화 지표종이다. 소나무과에 속하며 식물구계학적 특정식물 Ⅲ등급으로 총 2개의 아구에 분포하는 식물군이고 한국의 특산식물이다. 구상나무는 한국적색목록의 준위협종(NT)으로 해외로 잎 한 장 반출 못 하는 국외반출 승인대상이다.

구상나무의 생태적 특징은 해발고도 1,000m 이상의 산지 사면이나 능선부에서 자생한다. 높이는 18m, 지름 1m 정도로 자라는 침엽 큰키나무이다. 나무껍질은 거칠며, 잎은 끝이 대개 오목하게 파이고, 뒷면은 흰빛을 띤다. 꽃은 4~5월 피고 검은 자주색부터 밝은 녹색에 이르기까지 다양하다. 열매는 계란모양의 원통형으로 길이 4~6cm로 8~9월에 익는다. 잎끝이 두 갈래로 얇게 갈리며, 열매는 하늘을 보고 자란다. 전북 덕유산, 경남 지리산, 가야산, 제주도 한라산에 자생하는 대한민국 고유종이다.

1920년 영국 식물학자 '어니스트 헨리 윌슨(Ernest Henry Wilson, 1876~1930)'이 우리나라 식물을 조사하면서 구상나무가 분비나무와 다른 종이라는 것을 발견했다. 윌슨은 표본을 채집한 당시 근무하던 미국 하버드대 아놀드식물원으로 가져가서 심었는데, 이것이 자라 큰 나무가 됐다. 그 결과 전나무속 분비나무와 구분되는 하나의 새로운 종으로 결론지었고 학계에 'Abies koreana'라는 학명으로 보고했다. 윌슨이 학계에 발표한 후 전 세계 곳곳에서 구상나무를 개량하기 시작했다. 구상나무는 크리스마스 트리로도 유명하다. 나무 모양이 아름답고 독특한 향이 나기 때문이다. 우리나라 고유종인 구상나무의 생물주권은 우리나라에 있지만, 구상나무를 개량해 따로 특허를 등록한 구상나무 품종들의 특허권은 이를 개발해서 등록한 사람이나 기관에 있다. 국외 구상나무 품종은 현재 약 90품종 이상으로 우리나라가 구매할 경우 해외 종묘사로 특허료를 지급해야 하는 안타까운 현실이다.

심각한 기후변화가 우리나라에만 분포하고 있는 구상나무에게도 악영향을 미치고 있다. 해마다 나무가 줄어드는 근본적인 원인이다. 겨울철 기온이 상승해 적설량이 줄면서 봄에 토양수분도 줄어 구상나무 생장에 영향을 주기 때문이다. 실제

로 구상나무가 군락을 이루는 지리산국립공원과 한라산국립공원에서 고사한 개체
수가 증가하고 있다. 국립공원연구원이 밝힌 바로는 지리산국립공원의 경우 반야
봉 일대 1㎢에 서식하던 구상나무 15,000여 그루 중 47%인 6,700여 그루가 고사
했다고 한다. 한라산은 2006년 738.3ha였던 한라산 구상나무숲 면적이 2015년
626ha로 감소했다. 구상나무가 주로 분포하는 아고산대 지역은 저지대보다 기후
변화에 영향을 많이 받는다. 2월 생장을 시작한 나무가 뒤늦게 닥치는 한파 피해
를 견디지 못하고 죽는 이유이다.

우리나라 생물주권을 대표하는 구상나무는 '세계자연보전연맹(IUCN)'이 지난
2013년 기후변화에 따른 '위기종'으로 선정했지만, 한국의 멸종위기종에 이름을 올
리지 못하고 있다. 멸종위기종 지정과 함께 구상나무의 보전과 복원을 위해 쇠퇴한
원인을 밝히고 빙하기 식물이 살아갈 수 있도록 방안을 논의해야 할 시점이다.

/

약난초

© 임윤희

탐방로를 따라가다 계곡에서 만난 약난초가 꽃이 폈다. 봄이 오고 여름이 가까이 오면 마음이 설렌다. 조만간 약난초 꽃이 피어날 시기이기 때문이다. 꽃대를 세우고 층층이 꽃을 아름답게 피워내느라 애쓰는 모습이 대견하다. 자주빛이 섞인 갈색꽃 20여 개가 무리지어 아래로 피고, 난초과의 특이한 입술 모양 꽃잎은 홍자색을 띤다. 그 꽃잎 속에는 아름다운 꿀주머니가 보일 듯 말 듯 하다. 이렇듯 아름다운 고운 속살을 보려면 허리를 숙여 반가운 인사를 건네야 한다.

약난초는 한방에서 비늘줄기와 뿌리를 약재로 사용해 붙여진 이름이다. 뿌리는 항암효과가 높을 뿐 아니라 종기, 종양, 악성 부스럼 등에도 자주 사용한다. 희귀 약초로 항암작용에 효과가 있다고 알려져 갈수록 사라져가는 약난초이다. 특히 꽃 피는 시기도 짧고 햇볕을 받지 않으면 나타나지 않는 등 꽤 까다로운 특징을 지니고 있다. 난초과에 속하며 식물구계학적 특정식물 III등급으로 총 2개의 아구에 분포하는 식물이다. 한국적색목록의 준위협종(NT)에 해당한다.

약난초의 생태적 특징은 숲속에서 드물게 나는 여러해살이풀로 지생란이다. 가짜비늘줄기는 난상 원형으로 염주처럼 이어진다. 잎은 1~2개가 비늘줄기 끝에서 나와 겨울이 지나면 마른다. 긴 타원형 모양 잎은 대개 1장으로 푸른 상태로 겨울을 났다가 꽃이 피고 나면 시들어 9월경 새잎이 다시 돋아난다. 꽃은 5~6월에 피는데 잎 옆에서 길이 30~50cm 정도의 꽃줄기가 나와 곧추 자라며 15~20개의 연한 자줏빛이 도는 갈색 꽃이 한쪽으로 치우쳐서 밑을 향해 달린다. 입술꽃잎은 윗부분이 3개로 갈라진다. 우리나라에서는 전북 내장산, 지리산, 전남 조계산, 두륜산, 완도, 보길도, 거제도 등 주로 남부지역에 자생한다.

약난초가 속한 난초과 식물은 약 25,000종으로 국화과와 비등할 정도로 종수가 많다. 이는 특이한 구조를 지닌 꽃과 해당 수분매개자와의 정교하고 복잡한 수분 현상이라는 '수분신드롬' 때문이다. 난초과 식물중 약 30%가 땅 위에 살고, 나머지는 나무, 바위 틈 사이에 살고 있다. 특이한 점은 꽃구조가 대부분의 꽃식물과 다르다. 단자엽식물이기 때문에 꽃받침과 꽃잎이 각각 3장씩이다. 맨위에 있는 꽃받침을 등꽃받침, 좌우 1장씩을 곁꽃받침이라고 부르고, 곁꽃받침 사이에 입술꽃잎이 있다. 입술꽃잎 속에는 꿀이 든 긴 통이나 주머니가 있다. 이런 꽃구조와 특이한 수분매개자와의 관계 때문에 땅 위에서 난초의 결실률이 낮다고 알려져 있다.

그럼 어떻게 진화를 거듭해 그 많은 난초과 식물들은 종수가 많아졌을까? '찰스 다윈(1809~1882, Charles Robert Darwin)' 등 진화생물학자들은 '수분신드롬' 때문에 오히려 난초의 꽃이 다양하고 종수가 많아졌다고 주장하고 있다. 수분매개자인 땅속 곰팡이가 없다면 난초과 식물은 1년이고 100년이고 새싹을 피워내기 어렵다. 난초과 식물은 씨가 발아하거나 어렸을 때 영양을 얻기 위해 땅속 곰팡이의 도움이 필요하다.

난초과 식물의 씨는 대부분 먼지와 같이 작고 가벼워 바람에 의해 멀리 날아가 새로운 곳에 정착할 수 있는 이점이 있다. 그곳에 곰팡이가 함께 있으니 언제든지 지구상 꽃식물 중 가장 많은 종수를 차지하는 난초과로 자리를 잡은 것이다. 그런데도 환경부는 난초과 식물을 멸종위기식물로 가장 많이 지정·관리하고 있다. 곰팡이를 만나 새싹을 띄우기 때문에 쉽게 발아하기도 어렵고, 종수는 많지만 개체수가 매우 적고, 더욱이 꽃이 예뻐서 뿌리째 뽑아가는 경우가 많기 때문이다. 특히 약용식물로 항암효과가 높은 약난초는 보전 관심 대상이다. 만약 자연에서 약난초와 같은 난초과 식물을 만난다면 큰절하듯 만나고 모르는 척 돌아와 주는 것이 자연의 도리일 것이다.

/

히어리

이른 봄, 잎이 나오기 전에 노란색 빛깔로 피어난 아름다운 꽃나무, 히어리이다. 이름을 불러보면 발음이 부드럽기도 하고 자주 부르면 친근감도 생겨서 정감이 간다. 이름이 외래어 같아 외국종이라고 생각할 수도 있는 사람이 더러 있을 것이다. 늘어진 가지에 작은 노란 꽃들이 대롱대롱 매달려 봄바람에 향기를 내뿜고 있다. 히어리의 앙증 맞은 꽃송이는 우리를 밖으로 불러내 기어코 봄을 맞게 한다.

히어리는 외래어처럼 느낄 수 있지만 순수 우리 이름이다. 낙엽성 작은키나무로 학명이 'Corylopsis glabrescens var. coreana(Uyeki)'이고, 영명은 'Korean Winter Hazel(한국겨울 개암나무)'이다. 학명에 종소명 'coreana'는 이 나무가 한국의 특산임을 분명히 말해주는 것으로 예전에는 히어리를 '송광납판화'라고 불렀다. 송광이란 조계산 송광사 주변에서 이 나무를 처음 발견해 송광으로 붙여졌고, 납판화는 꽃잎이 밀랍처럼 두껍고 납작하는 뜻에서 비롯된 것이다. 그밖에도 '송광꽃나무'라고 부르기도 하고 북한에서는 자라지 않지만 '납판나무'라고 부른다.

이후 히어리는 우리나라에서만 자라는 한반도 고유식물로 환경부에서는 멸종위기야생식물 2급으로 지정해 보호하다가 지속적으로 발견되는 자생지와 충분한 개체수가 확인되어 2011년에 지정 해제됐다. 최근에는 대량 증식에 성공해 공원에 조경수로 많이 식재하고 있다.

조록나무과에 속하며 식물구계학적 특정식물 Ⅳ등급으로 한 아구에만 분포하는 식물이다. 해외로 잎 한 장 반출 못 하는 국외반출 승인대상이다.

생태적 특징은 산지 하천가 주변의 약간 습한 곳에서 자라는 낙엽 떨기나무로 식물체에 털이 거의 없다. 줄기는 높이 3~5m이다. 잎은 어긋나며 잎자루는 길이

히어리 잎

1.5~3.0cm다. 잎몸은 난상 원형으로 길이 5~9cm, 폭 4~8cm이며 밑이 심장 모양이고, 가장자리에 물결 모양의 뾰족한 톱니가 있다. 잎 뒷면은 회색빛이 돌며 6~8개의 나란히 배열된 측맥이 뚜렷하다. 꽃은 잎보다 먼저 피며 길이 3~4cm의 총상꽃차례에 6~8개씩 달리고 노란색이다. 꽃받침, 꽃잎, 수술은 각각 5개다. 열매는 삭과이며 둥글고 털이 많다. 열매는 9월에 익으며, 검은색이다.

자생지에서 히어리의 생생한 모습을 보기는 쉽지 않다. 히어리는 생육지 요구폭이 넓어서 폭넓게 분포하고 극히 제한된 수의 개체군을 갖는 희귀식물이다. 아울러 봄이 오기도 전에 먼저 피어난 노란색 빛깔의 꽃이 너무 아름다워 꺾어가거나 뽑아가기 쉽다. 그런데도 히어리는 맹아력이 강하다. 맹아력이란 줄기가 꺾이거나 손상이 가더라도 그 부분에서 새롭게 숨은 싹이 자라는 것을 말한다. 숨은 싹은 식물의 눈이다. 식물의 눈은 잎이 나오는 잎눈, 꽃이 되는 꽃눈으로 없어서는 안될 핵심 요소이다. 살아남기 위해 그들만의 방법으로 맹아, 즉 새로운 싹을 땅 밖으로 올린다. 꺾어가면 또 올리고, 꺾어가면 또 올리고. 그러나 그들도 생명이라서 한계에 이르면 결국 사라지고 말 것이다. 본래 원줄기로 잘 살 수 있도록 유지하는 노력과 현재 서식지의 절대적인 보호가 시급하다.

ⓒ임윤희

히어리 열매

6. 기후변화에 민감해요

/

가문비나무

© 이호영

깊은 계곡을 지나 높은 산을 오르면 하늘을 향해 우람하게 자라는 기품있는 가문비나무를 만난다. 녹색잎은 한겨울에도 떨어지지 않고 흰눈으로 덮여 있어 아름답기만 하다. 높이 자라기 때문에 올려다보면 저게 구상나무인지, 가문비나무인지, 분비나무인지 분간이 어렵다. 심지어 나무껍질도 비슷하다. 줄기 끝에 자라는 열매는 한참을 봐야 위로 자라는지 아래로 자라는지 알 수 있다. 결국 카메라로 사진을 찍고 확대하고 나서야 그 이름을 불러준다.

가문비나무는 검은색 껍질이란 의미에서 붙여진 이름이라고 추정한다. 나무껍질 이름인 가문비와 나무가 결합한 어원으로 껍질은 소나무과인 구상나무보다 더 흑회색이다. 소나무과에 속하며 식물구계학적 특정식물 Ⅲ등급으로 총 2개의 아구에 분포하는 식물이다. 한국적색목록의 취약종(VU)이며, 해외로 잎 한 장 반출 못 하는 국외반출 승인대상이다.

가문비나무의 생태적 특징은 소나무과에 속하는 상록성 겉씨식물이다. 햇볕이 잘 드는 산의 능선이나 고도가 높은 사면에 자라는 침엽 큰키나무로 높이가 40m 정도로 자란다. 수형은 원뿔 모양이며, 겉껍질은 비늘처럼 벗겨진다. 어린 가지는 털이 없으며 노란빛이 돈다. 잎은 끝이 뾰족하며 편평하다. 잎 앞면의 가운데 잎줄 양쪽에 흰색 기공선이 있다. 열매는 계란형으로 황록색이고 가지 끝에 달리며 밑으로 처진다. 북한 지역과 강원 설악산, 계방산, 전북 덕유산, 전남 지리산 등에 나며, 중국 동북부, 일본, 러시아 동북부 등에 분포한다.

가문비나무는 구상나무와 함께 기후변화에 민감한 식물이다. 이 나무는 부식토가 많고 습기가 적당히 있는 산록부에 잘 자란다. 일반적으로 능선보다는 골짜기에서 많이 자라지만, 온대 기후대에서는 거의 능선 근처에서 희귀하게 자라는 식물이다. 북한에선 백두산과 함경도 고산지대, 금강산에 자라고 남한의 경우는 지리산, 덕유산, 설악산 등 해발 1,600m 높이의 산지 능선에서 자라고 있다. 현재는 고사율이 높아 멸종위기에 처해 있다.

가문비나무의 줄기 ⓒ 이호영   가문비나무의 잎 ⓒ 이호영

🍃 기후변화가 가져올 재앙

　기후변화가 가져올 재앙은 생물다양성의 절멸로 이어진다. 기상이변이 일어나면 모든 생명에 악영향을 미치기 때문이다. 지난 2018년 인천 송도에서 「기후 변화에 관한 정부간 협의체(IPCC)」 제48차 총회가 열리고 지구온난화 1.5℃ 특별보고서를 채택했다. 지구온난화가 현재 속도로 지속된다면 2030년에서 2052년 사이 지구의 평균 온도는 약 1.5℃가 상승할 것이 분명하다. 호우 빈도, 강도, 강수량 증가, 일부 지역의 가뭄 강도, 빈도 증가 등이 발생할 것으로 내다보고 있다.

　만약 1℃가 오를 경우에는 곤충의 6%, 식물의 8%, 척추동물의 4%가 절멸하고, 2℃가 오르면 곤충의 18%, 식물의 16%, 척추동물의 8% 등 기후지리적 분포범위의 절반 이상을 잃는다. 또한 전 세계 육상생물의 다양성은 2050년까지 10%가 더 감소하고, 생물다양성이 높은 원시림은 13%가 축소할 것이라 보고하고 있다.

　결국 인류의 생존에 필요한 기본자산인 생물다양성이 절멸하면 인간도 하나의 생물이기 때문에 균형이 깨지고 인류가 멸망하는 길로 갈 수밖에 없을 것이라 경고하고 있다. 우리가 기후변화에 주목해야 하는 이유이다. 따라서 기후변화에 민감한 가문비나무를 모니터링하고 그 해결책을 찾아갈 수 있도록 관심과 사랑을 갖는 것이 그 무엇보다도 중요하다.

7. 정성스런 손님맞이

/

회목나무

앙증맞은 꽃이 잎에 살포시 앉아 있는 모습이 귀엽기만 하다. 마치 단추모양처럼 꽃잎이 펼쳐져 있다. 꽃은 작지만 볼수록 예쁘다. 색깔도 특이하게 붉은빛이 감도는 갈색이다. 가늘고 긴 꽃자루 끝에 피는 꽃은 녹색 잎 위로 공손하게 앉아 벌과 나비가 쉽게 찾을 수 있도록 유혹한다. 이 꽃이 할 수 있는 정성스러운 손님맞이다.

회목나무 꽃

식물이 꽃을 피워 수분하는 생존전략은 1억 5천 년 전부터 시작됐다. 깊은 숲속, 작은키나무인 회목나무가 지금껏 살아남은 이유는 환경에 적응한 이런 생김새와도 연관이 깊다. 그래서 자연은 그 나름대로 생김새와 생태적 특징이 이유 없이 생기는 법이 없다. 필요 없는 부분은 도태하거나 쇠퇴해 사라지기 때문이다.

회목나무는 발목이나 손목의 잘록한 부분처럼 가늘고 긴 모양의 꽃자루를 비유해 붙인 이름으로 추정하고 있다. 노박덩굴과에 속하며 식물구계학적 특정식물 Ⅱ등급으로 모든 식물 아구에 분포하지만, 해발 1,000m 이상 산지에 나타나는 특성이 있다. 일반적으로 백두대간을 중심으로 고산지대에 분포하며, 해외로 잎 한 장 반출 못 하는 국외반출 승인대상이다.

회목나무의 생태적 특징은 산 능선이나 숲속에 높이 1~3m 정도로 자라는 작은 키 나무이다. 줄기는 녹색 또는 회녹색이다. 가지를 많이 치고 어린 가지에는 사마귀 같은 검은 돌기가 있다. 잎은 마주나고 잎끝은 뾰족하거나 길게 뾰족하다. 잎 가장자리에 날카로운 톱니가 있다. 잎 양면에는 털이 있으며, 잎맥에 특히 많다.

꽃은 6~7월에 붉은 갈색 또는 녹색이 도는 자주색으로 피며, 잎겨드랑이에서 나온 꽃대에 1~3개가 모여 꽃이 핀다. 꽃잎은 4장으로 둥글다. 열매는 거꾸로 된 삼각형으로 끝부분이 4개로 갈라지고 밝은 붉은색으로 익는다. 우리나라 전역과 러시아, 중국, 일본 등에 분포한다.

해마다 지리산국립공원 심원계곡 생태경관 복원지역에서 회목나무를 만난다. 이곳은 2017년 환경부가 국립공원 중 공원보존지구 내에 마을을 이주하고 훼손지역을 복원한 전국 최초의 생태경관 복원지역이다. 이곳을 대상으로 식생회복 모니터링을 6년간 진행하고 있다. 대부분 회목나무가 사는 고산지대는 한 번 훼손되어 복원하기까지 약 100년이라는 오랜 시간이 걸린다. 심원계곡 복원지역도 예외는 아니다. 보호지역의 뭇 생명들이 잘 자랄 수 있도록 산 정상부의 안전한 생육지를 복원해 자연으로 돌려주는 것이 100년 미래의 희망이 될 것이다.

/

왕괴불나무

향기가 그윽하다. 이 꽃을 처음 만났을 때 사람을 이끄는 것은 꽃잎 모양도 새잎도 줄기도 아닌 코끝에 느껴지는 냄새다. 우리나라에서 드물게 자라는 왕괴불나무이다. 꽃이 인동꽃처럼 길게 피어나 눈길을 끈다. 빨갛게 익어가는 열매는 서로 합쳐져 보는 이들에게 사랑의 메시지를 전한다.

왕괴불나무는 꽃 모양이 옛날에 아이들이 차고 다니던 괴불주머니라는 노리개와 비슷하게 생겼다고 해서 붙여진 이름이라 추정한다. 또는 빨간 열매가 개불알을 닮은 데서 유래한 이름이라는 이야기가 있는데 꽤 설득력이 있어 보인다. 우리나라에는 30여 종이 있는데 올괴불나무, 길마가지나무, 청괴불나무, 왕괴불나무 등이 있다. 올괴불나무는 분홍색의 꽃이 피고 진한 자주색 꽃밥을 가지며 열매가 완전히 분리된다. 반면 길마가지나무는 아이보리빛의 꽃잎과 노란색 꽃밥을 가지며, 열매 밑부분이 붙는다. 청괴불나무는 새가지가 갈색 또는 붉은색이고 털이 없는데, 왕괴불나무는 연한 녹색이며 선점이 밀생하므로 구별된다. 이들 중 왕괴불나무는 꽃과 열매가 크다고 해서 '왕'를 붙여 지은 이름이다. 인동과에 속하며, 생육지가 적은 희귀식물이다. 관상가치가 높은 생물자원이라 해외로 잎 한 장 반출못 하는 국외반출 승인대상이다.

왕괴불나무의 생태적 특징은 산지 숲속에 드물게 자라는 낙엽 떨기나무다. 줄기는 속이 흰색으로 꽉 차 있으며, 높이는 2~3m 정도로 자란다. 잎은 마주나며 잎끝은 길게 뾰족하고 밑은 둥글거나 가장자리는 밋밋하다. 잎 뒷면은 샘점(냄새 나는 물질을 분비하는 점같은 조직)이 있고 연녹색이며 맥 위에 털이 밀생한다. 꽃은 5~6월에 새가지 밑부분 잎겨드랑이에서 난 꽃자루 끝에 2개씩 달리며 노란빛이 도는 흰

길마가지나무는 인동과 괴불나무에 속한다.

색이다. 열매는 2개가 가운데까지 합쳐지고 7~8월에 붉게 익는다. 나무껍질은 오래되면 긴 조각들이 벗겨져 나무가 매끈해지면서 쉽게 구별할 수 있다. 우리나라 강원, 전북, 제주도 등에 자생하며, 일본에도 분포한다.

인동과 괴불나무 종류를 구별한다는 것은 쉽지 않다. 왕괴불나무, 괴불나무, 청괴불나무, 각시괴불나무, 섬괴불나무, 올괴불나무, 길마가지나무, 홍괴불나무, 흰괴불나무, 구슬댕댕이나무 등 이 식물들을 꼭 알아주지 않더라도 그 이름만이라도 불러줘도 의미가 크다. 지금은 하나의 몸짓에 지나지 않겠지만 언젠가 자연 속에서 그들을 알아준다면 나에게로 와서 꽃이 되지 않겠는가? 특히나 보기 드문 왕괴불나무가 "천년만년 살까?"하고 말을 걸어온다면 그저 상상만 해도 즐겁다.

9. 꼬리가 달렸을까?

/

꼬리진달래

꽃수술이 실밥처럼 길게 나와 햇살에 반짝거린다. 깊은 숲속 어두운 길을 밝히 듯 피어난 작은키나무인 꼬리진달래를 만난다. 진달래와는 반대로 잎이 먼저 나오고 꽃이 피는 한여름 꽃이다. 빛깔도 하얗고, 꽃 모양은 진달래를 닮아 청초하다. 이 아름다운 꽃에 꼬리가 어디에 달렸을까? 솔숲에서 자세히 들여다보니 옹기종기 모여 있는 꽃들이 꼬리를 치며 한아름 안기는 듯하다.

꼬리진달래는 꽃수술이 꼬리처럼 길게 나온다고 해서 얻은 이름이다. '참꽃나무겨우살이'라도 부르는데, 진달래를 뜻하는 '참꽃나무'에 겨울에도 잎이 지지 않는 '상록'이라는 겨울살이의 합성어이다. 이름에서도 알 수 있듯이 상록성이며 내음성이 강한 식물이다. 우리나라의 자생식물 중 상록성이며 내음성이 강한 수종은 흔하지 않아 조경용 관목으로 이용 가치가 높다. 진달래과에 속하며, 식물구계학적 특정식물 Ⅳ등급으로 한 아구에만 분포하는 식물이다. 해외로 잎 한 장 반출 못하는 국외반출 승인대상이다.

꼬리진달래의 생태적 특징은 산기슭 양지에 자라는 반상록성 작은키나무로 줄기는 높이 1~2m이다. 나무껍질은 흑회색을 띠고 잎은 어긋난다. 잎끝은 뾰족하고, 가장자리는 밋밋하다. 잎 앞면은 녹색이며 흰 점이 많고, 뒷면은 갈색 비늘조각으로 덮여 있다. 꽃은 6~7월에 피는데, 가지 끝의 작은 꽃들이 20개 정도 달린다. 작은 꽃자루는 하얀색 샘점이 있다. 수술은 10개, 암술대보다 길며 열매는 9월에 속이 여러 칸으로 나뉘고 각 칸에 많은 씨가 들어있는 모양으로 성숙한다. 우리나라 중부지방에 자생하며, 중국에도 분포한다.

다른 식물들은 비옥한 토양을 좋아하지만, 꼬리진달래는 유독 고산성을 좋아하는 별난 식물이다. 그래서 주로 척박한 땅이나 바위지대에 가야 만날 수 있는 식물이다. 깊은 소나무 솔숲이나 바위지대의 능선부 등에 자리해 편한 길보다는 거의 네발로 기다시피 올라야 하는 곳에서 만날 수 있다. 척박한 땅만이 꼬리진달래를 살릴 수 있기 때문에 이들을 영접하기 위해서는 험난한 지역을 가야 한다. 강원 삼척시, 경북 봉화군 등지에서 자생한다.

백두대간 일대의 바위지대에서 주로 분포하고 있다고 알려진 이유가 이 때문이다. 과거에는 현재보다 분포가 넓고 개체수도 많았으나 지금은 자연생태계 훼손과 무분별한 채취로 개체수가 감소하고 있다. 백두대간 채광산업은 생육지의 훼손을 가속화하고 있으며, 도로개발로 인한 산림훼손이 심각해졌기 때문이다. 다행히 지리산국립공원의 꼬리진달래는 안정된 생태계에서 살고 있기 때문에 보존 가능성이 높다.

그렇다고 보호지역 외의 생육지가 안전한 것은 아니다. 최근 국제적인 흐름에서 제15차 중국 쿤밍-캐나다 몬트리올에서 열린 「생물다양성국제협약」에 의해 2030년까지 육상생태계의 30%를 보호지역으로 지정·관리할 것을 권고하고 있다. 개체군의 절멸을 막기 위해서는 보호지역를 지정하고, 관리하는 것이 그 무엇보다도 중요하다. 따라서 꼬리진달래를 보전하기 위해 이들이 살아갈 생육지를 보호지역으로 확대해 노력이 필요하다.

/

자란초

© 임윤희

제때 꽃을 만나는 것은 쉽지 않다. 더욱이 자생식물 중 희귀식물, 특정식물, 특산식물, 멸종위기종 등은 말할 필요도 없다. 그 식물을 만나는 것도 쉽지 않은데 감히 꽃을 맞이한다는 것은 사랑과 그리움을 그만큼 키워야만 가능한 일이다. 그래서인지 자란초를 보면 '일기일회(一期一會)'란 사자성어가 떠오르곤 한다. 길을 가다 우연히 만날 수 없었기에 자란초를 그리 만났다.

첫 만남은 늦가을이었다. 자란초가 이미 꽃을 피운 후라서 아쉬웠다. 산 비탈길을 헤매다니다가 바위가 많은 전석지대 근처에서 자란초를 만난 순간 이루 말할 수 없이 기뻤다. 첫 만남이 관계를 지배한다고 했던가? 이후 3년간 자란초 꽃을 만나기 위해 마음의 각오와 그리움을 키웠다. 자란초 꽃은 일부러 모습을 감춘 듯 쉽게 보여주지 않았지만 포기할 수 없었다. 꽃피는 시기를 맞춰 여러 번 산속을 헤매고 답사를 한 후 드디어 자주색으로 피어난 꽃을 만났다. 한아름 다가온 그 꽃은 어제 본 꽃도, 앞으로 볼 꽃도 아닌 지금 딱 한 번 볼 수 있는 귀한 생명이다.

자란초는 자주색 꽃이 피는 난초라는 뜻에서 지어진 이름이다. 꽃은 줄기 끝에 꽃차례가 붙는 모양에서 잎겨드랑이에 붙는 금창초, 조개나물과 구별하고 '자난초' 또는 '큰잎조개나물'라고도 한다. 꿀풀과에 속하며 식물구계학적 특정식물 Ⅱ 등급으로 모든 식물 아구에 분포하지만, 1,000m 이상 산지에 나타나는 특성이 있다. 우리나라의 고유종으로 해외로 잎 한 장 반출 못 하는 국외반출 승인대상이다.

자란초의 생태적 특징은 해발 500m 이상 되는 지역의 낙엽수림에서 자라는 여러해살이풀이다. 뿌리줄기가 옆으로 뻗으며 높이는 50cm에 달한다. 잎은 마주나며 아래쪽 잎은 작고 위로 갈수록 커진다. 잎은 끝이 길게 뾰족해지고, 가장자리에 불규칙한 톱니와 털이 있으며 아랫부분이 좁아져서 잎자루로 흐른다. 꽃은 6월에 짙은 자주색으로 피는데 꽃차례는 줄기 끝 또는 잎겨드랑이에 밀착한다. 꽃부리는 짙은 자주색이다. 열매는 9월에 익는데 주름이 있다. 강원도 및 경기 개성 이남, 전남 백암산 및 경남 남해도 이북에 분포한다.

 식물의 꽃가루받이

지구상에는 약 40만 종의 꽃이 피는 식물들이 있다. 이 꽃들은 각각 독특한 모습으로 피어나고 있다. 이처럼 다양한 꽃들은 어떻게 만들어졌을까?

이것은 꽃마다 꽃가루받이가 어떻게 일어나고 있는가를 살펴보면 알 수 있다. 꽃가루받이는 크게 두 가지로 나눌 수 있다. 한 꽃 안에서 수술의 꽃가루가 암술의 암술머리에 붙는 '제꽃가루받이'와 한 꽃에서 만들어진 수술의 꽃자루가 다른 꽃에서 만들어진 암술의 암술머리에 붙는 '딴꽃가루받이'가 있다. 숲의 가장자리, 황무지나 황폐지 등에는 꽃가루받이를 시켜주는 곤충들이 거의 없기 때문에 딴꽃가루받이를 하는 식물들보다 제꽃가루받이 하는식물들이 더 많이 자란다.

한편 딴꽃가루받이는 수술이나 암술이 자라는 시기를 각각 다르게 해서 꽃가루를 만나는 방법이다.

자란초 꽃은 깊은 숲속에서 무리지어 군락으로 피어난다. 이들은 살아남기 위해 다른 꽃에서 만들어진 꽃가루의 정보를 얻어 진화하는 딴꽃가루받이를 해왔기 때문이다.

자란초 꽃은 꽃가루받이의 효율을 높이기 위해 제각각 꽃가루받이 수분매개자를 구하고 있으며, 그 수분매개자에 따라 꽃의 모양이나 색깔을 카멜레온처럼 바꾸어 지금의 모습을 보여주고 있다. 그래서 자란초 꽃은 수십만 년, 수십억 년이라는 시간을 고스란히 담고 있는 지구의 역사이고 눈물겨운 진화과정을 보여주는 신비로운 기적일 것이다. 그것을 깨닫는다면 그 꽃 앞에서 자연의 경외감에 숙연해질 것이다.

2장
무등산국립공원

들어가며

무등산국립공원

무등산은 옛 기록에 따르면 광주의 진산(鎭山)으로 많은 이들의 사랑을 받아왔다. 또 일찍이 천제단을 두어 하늘에 제사를 지내며 나라와 고을 백성들의 안녕을 빌었던 영험한 산으로 알려져 왔다. 1971년 전남 지사가 무등산도립공원 지정(안)을 작성해 도립공원으로 지정·신청하고, 당시 건설부장관의 승인을 받아 1972년 5월 22일 도립공원으로 지정됐다. 2010년 11월 18일 무등산도립공원위원회에서 국립공원 지정을 건의하기로 심의·의결했으며, 2010년 12월 24일 광주광역시에서 환경부에 무등산국립공원 지정을 건의해 국립공원 지정 타당성 연구를 시행했다. 마침내 2012년 12월 27일에 국립공원위원회의 심의 의결을 거쳐 환경부 고시(제 2012-252호)를 통해 무등산국립공원으로 지정됐다.

무등산국립공원은 총 75.425km² 크기로 도시 인근형 국립공원인 북한산국립공원(약 77km²) 및 가야산국립공원(약 76km²)과 비슷한 크기이다. 면적 비율은 광주광역시가 47.654km²(63%)이고, 전남이 27.771km²(37%)를 차지하고 있다. 국립공원공단이 설립된 이후 국립공원 지정을 하지 못할 정도로 많은 어려움이 따르는 것이 현실임을 고려하면 25년 만에 지정된 신규 국립공원으로서 무등산이 지정됐음은 그 의미가 매우 크다고 볼 수 있다. 전국 최초 시민을 위한 국립공원으로 많은 시민과 관련 전문가 등이 참여해 자발적으로 무등산 지역을 보호하고, 국립공원으로 승격하기 위한 노력을 통해 만들어진 국립공원이다.

우리나라 국립공원 중 설악산과 한라산 지역에서 볼 수 있는 주빙하 경관자원은 지질학적인 중요성을 갖고 있으며 국민들에게 경관자원의 서비스가 이루어지는 핵심대상이다. 특히 서석대와 입석대, 장불재와 중봉, 중머리재 등은 연간 수백만 명의 탐방객이 방문하는 지역으로 설악산국립공원의 권금성 지역처럼 훼손이 급속하게 이루어질 수 있다. 따라서 무등산국립공원의 핵심자원이라 할 수 있는 정상부 복원을 조속히 추진해 무등산국립공원이 지닌 고유의 자연생태계 및 경관의 질을 회복하고 광주시민들에게 되돌려주는 것이 시급하다.

/

무등취

누군가 살짝 알려줘서 만난 무등취이다. 첫 만남은 잎의 거치가 불규칙하게 두드러져서 인상 깊었다. '무등'이라는 이름이 주는 이미지는 나에게 친근감을 준다. 동시대 같은 지역에 살고 있다는 공감대가 생기는 느낌 때문이다. 무등취와 함께 '무등'이라는 글자가 들어간 식물은 아쉽게도 이미 멸종한 무등풀이 있다. 그래서 더 친근감이 들었는지 모르겠다.

더 자세히 들여다보고 만나보니 색과 모양이 아름답고 특이하다. 누군가 알려주기 전에 만났다면 우리가 나물로 먹는 참취인가 한참 머릿속을 떠나지 않았을 텐데 그 수고를 덜어준 셈이다. 무등취는 졸참나무가 우거진 무등산국립공원 아고산지대의 약간 그늘진 곳에서 자신만의 빛깔로 존재감을 드러내며 자라고 있다. 오랜 기간 지켜본 결과 무등취의 개체수는 점점 증가하고 있으며 생육지도 주변 일대로 넓어지고 있었다. 그러나 어느 해 가을 끝자락 즈음에 생육지는 파헤쳐지고 잎, 줄기 등 식물체가 대부분 사라져버렸다. 무등취의 흔적이 먹을 것을 찾던 멧돼지로 인해 거의 사라져버린 것이다. 겨우 3개체만 확인하고 내려오는데 발걸음이 무거웠다. 이런 감정이 드는 이유는 무등취가 유일무이하게 이곳에서만 살고 있기 때문이다. 하지만 이 또한 자연의 섭리라면 어쩔 도리가 없다. 내년 봄에 새순이 얼마나 올라오는지 확인하는 길밖에 없고 더 관심을 갖고 연구해봐야겠다는 생각이 든다.

무등취는 2007년 홍행화, 임형탁이 무등산국립공원에서 발견해 국명으로 신청한 뒤 붙여진 이름이다. 우리나라 미기록식물로 보고한 종이며 무등산국립공원의 북산-장불재-서석대 약 700~1,000m 구간에서 매미꽃, 자란초, 곰취와 함께 군락으로 분

꽃이 핀 무등취

포하고 있는 우리나라 특정식물이다. 국화과에 속하며 식물구계학적 특정식물 Ⅲ등급으로 총 2개의 아구에 분포하는 식물군이다.

　무등취의 생태적 특징은 고산 풀밭에 자라는 여러해살이풀이다. 줄기는 곧게 자라며 높이는 0.5~1m에 좁은 날개가 있다. 뿌리잎은 꽃이 필 때 시들어 떨어진다. 줄기 아래쪽 잎은 넓은 난형이고, 밑부분은 심장형이며, 끝은 급하게 뾰족해진다. 가장자리에 불규칙한 톱니가 있다. 잎자루에 좁은 날개가 발달해 줄기 날개와 연결된다. 꽃은 9~10월에 연보라색으로 피며 엉성한 꽃차례를 이룬다. 꽃싸개잎은 뒤로 급하게 젖혀지며, 연한 갈색 털로 덮여 있다. 전라남도 무등산에 자라는 희귀한 식물이다.

무등취가 생육하고 있는 무등산국립공원의 정상부는 아고산지대이다. 이곳은 한번 훼손되면 다시 회복하는데 오랜 시간이 걸린다. 그게 사람들의 인위적인 간섭이라면 더 말할 필요도 없다. 왜냐하면 이곳은 생태계가 아주 예민한 절대보존 지역으로 엄격하게 생태계를 관리하는 곳이기 때문이다. 지리산국립공원 정상부인 천왕봉과 노고단, 세석평전 등이 그 좋은 사례이다. 30년 전에 식생을 복원하고 현재는 절대보존지역으로 탐방예약제를 실시해 보존하고 있다. 무등산국립공원의 정상부를 복원하기 전에 상시개방을 하는 것은 아고산지대의 생태계를 파괴하는 지름길이고 미래세대들에게 부끄러운 일이 아닐 수 없다.

2019년 광주시민총회에서 '친환경차를 이용해 무등산 장불재에 오르게 해주세요'라는 의제에 광주시민들이 77%로 반대한 이유는 정상부 복원과 보전이 더 시급하고 필요함을 인식하고 있으며, '기후위기시대 편의와 이용성 확대'라는 미명 하에 이뤄지는 개발과 파괴에 대한 시민들의 준엄한 경고였다. 무등산국립공원의 정상부에 있는 군부대를 이전하고 복원해 자연을 생태계에 맡겨두어야 한다. 이것이 광주시민들의 염원이자 100년 광주의 미래이다.

🍃 무등취와 무등풀

　무등이라는 단어가 붙은 식물종은 무등취와 무등풀이 유일하다. 이 중 무등풀은 광주 무등산에서 1938년 발견됐으나 최근까지 전혀 발견되지 않아 멸종된 종으로 추정되는 식물이다. 무등산도립공원이 국립공원으로 승격한 이후 수립한 보전관리계획에서 무등풀을 찾기 위한 10년 과제를 제시하고 추적에 나섰지만 결국 발견하지 못했다. 이후 영국 왕립식물원 연구팀은 무등풀을 멸종된 종으로 2019년 네이처 생태학 및 진화에 발표했다. 이 연구팀은 1900년 이후 매년 종자식물 3종이 지구상에서 사라지고 있다며 멸종속도가 빨라지면서 현재까지 315종이 멸종한 것으로 보고했다. 또한 무등풀을 포함한 식물은 조류, 양서류, 포유류보다 2배 이상 빠른 속도로 사라지고 있다는 점을 강조하면서 생물다양성의 절멸을 경고하고 있다. 이는 우리가 새겨봐야 할 사항이다. 식물은 상대적으로 관심을 덜 받는 데다 발견되지 않은 종도 많아 실제 멸종 정도는 더 심할 수 있기 때문이다.

　따라서 우리 주변 가까이 유일무이한 존재감을 갖고 있는 무등취와 멸종한 무등풀의 생태적 가치를 발견하고, 생물다양성에 대한 사랑과 관심으로 할 수 있는 일을 우선 찾는 것이 시급하다.

무등취

무등풀

2. 보일 듯 말듯 부끄럼쟁이

/

각시족도리풀

심장 모양의 잎을 올리고 나서야 앙증맞은 족도리를 닮은 꽃을 만난다. 식물들이 저마다 아름다움을 뽐내며 꽃을 피우는 줄은 알지만 유독 각시족도리풀 꽃은 보일 듯 말듯 부끄럼쟁이처럼 땅 밑 가장 가까이에서 옆으로 고개를 살짝 숙여 핀다. 꽃을 보려면 거의 땅바닥에 몸을 붙여야만 그 모습을 만날 수 있다.

각시족도리풀은 각시처럼 작고 예쁜 족도리풀이라는 의미에서 지어진 이름이다. 또 다른 이름으로는 '반들족도리풀'이라고 부른다. 쥐방울덩굴과에 속하며 식물구계학적 특정식물 Ⅲ등급으로 총 2개의 아구에 분포하는 식물이다. 우리나라 고유종으로 해외로 잎 한 장 반출 못 하는 국외반출 승인대상이다.

각시족도리풀의 생태적 특징은 산지 그늘에 자라는 남방계 여러해살이풀이다. 잎은 2장이 어긋나고 낙엽성이다. 잎몸은 신장형 내지 넓은 심장형으로 두껍고 가장자리는 가지런하고 잎끝이 둔하다. 꽃은 4~5월에 피는데, 잎 사이에서 1개가 발달한다. 자주색 섞인 갈색 또는 짙은 갈색인 꽃받침통은 컵 모양이며, 통 중앙 부위가 볼록하다. 전라남도 무등산국립공원, 남해안 일부 도서지방과 제주도 지역에 제한적으로 분포하는 식물이다. 이 종은 3개의 삼각상 꽃부리 열편이 기부에서 뒤쪽으로 심하게 젖혀져 꽃받침통에 닿는 점에서 열편이 대개 옆으로 퍼지는 족도리풀과 구별할 수 있다.

각시족도리풀은 자생지 대부분에서 적은 개체가 나타나며 특이하고 희귀한 꽃 때문에 남획될 가능성이 크다. 특히 한국과 일본의 남쪽 지방에서 제한적으로 분포하고 있기 때문에 보기 드문 식물이다. 쥐방울덩굴과에 족도리풀 종류는 북반구와

온대와 난대에 80여 종이 분포하고, 그중 대부분이 아시아에 분포한다. 한국은 꽃
받침 열편이 꽃받침 통에 거의 닿을 정도로 심하게 젖혀지는 형인 각시족도리풀과
젖혀지지 않는 형인 족도리풀, 뿔족도리풀, 자주족도리풀, 개족도리풀, 선운족도리
풀, 무늬족도리풀, 금오족도리풀 등으로 약 10종이 있다.

　　각시족도리풀은 멸종위기식물로 지정된 종은 아니지만 보전 가치가 높다. 이런
식물이 무등산국립공원 내에 군락으로 분포해 자라는 것만으로도 생물다양성 측면
에서 커다란 축복이라 할 수 있다. 부끄럼쟁이 각시족도리풀을 한참 들여다보고 있
으면 자연 앞에서 한없이 겸손해지는 지혜를 배운다.

2023년은 무등산이 국립공원으로 지정된 지 10주년이 되는 해이다. 아직 갈 길은 멀기만 하다. 도시근교형 국립공원으로서 훼손 정도가 매우 심각한 수준이기 때문이다. 무등산국립공원 정상부 군부대 이전지 생태경관복원사업, 통신시설 이전 및 복원사업, 외래식물 인공조림지복원사업, 군사통신도로 복원사업 등 시급한 현안과제가 여전히 남아 있다. 이제 자연의 권리를 대변해주고 합리적인 보전방안을 마련해야 한다. 특히 자연파괴와 생물종의 멸종에 모두가 뼈아픈 반성과 자각이 필요하다. 전국 최초 '시민의 국립공원'으로서 고유한 자연생태계를 회복시켜 미래세대들에게 깨끗한 환경, 아름다운 자연을 더 소중히 물려줄 수 있기를 소망한다.

무등산 중봉 군부대 주둔 모습(1996년)

무등산 군부대 이전 복원 후 모습(2022년)

각시톱지네고사리

계곡을 따라 편백숲이 펼쳐져 있는 곳에 각시톱지네고사리가 파릇파릇 자라고 있다. 마치 녹색꽃이 핀 듯 동그랗게 무리지어 방석처럼 군락을 이루고 있다. 편백숲 상층은 녹음으로 짙어가고 땅 밑은 다양한 고사리 종류와 함께 상록성인 각시톱지네고사리가 아름답기만 하다. 톱 또는 지네발처럼 생긴 각시톱지네고사리가 주변 숲 전체에 융단을 깔아놓은 듯 일행들을 맞이한다. 마치 원시림처럼 울창한 숲의 생태계가 대자연의 경치를 한 폭의 그림처럼 담아내고 있어 감동을 한 아름 안긴다.

각시톱지네고사리는 각시와 톱, 지네, 고사리의 합성어로 꽃 이름에 각시는 작고 귀여운 것을 나타내는 말이고, 톱은 톱모양으로 거치가 있는 경우에 붙이는 이름이다. 지네는 지네 발이 나온 모양으로 잎차례가 보이는 경우에 붙이고, 고사리는 원래 곡사리라는 이름의 곡에서 'ㄱ'을 생략해 고사리가 된 것이다. 본래 이름인 곡사리는 고사리의 새순이 나올 때 줄기가 말린 모양(굽을 곡曲)과 같이 하얀 것(실 사絲)이 식물체에 붙어 있는 모양에서 붙여진 이름이다. 포자로 번식하는 양치식물에 속하며 식물구계학적 특정식물 V등급으로 극히 일부 지역에만 분포하거나 희귀한 지역에만 분포하는 특성을 보이는 식물이다.

각시톱지네고사리의 생태적 특징은 낮은 산지 숲속 사질 토양에 여러해살이풀로 자생한다. 잎자루는 전체에 비늘조각이 다소 빽빽이 붙는다. 잎자루의 비늘조각은 흑갈색이지만 때때로 잎자루와 가까운 것은 윤기가 있다. 중축의 비늘조각은 흑갈색 또는 자갈색이며, 가장자리에 불규칙한 돌기가 있다. 포자낭군은 잎몸 주맥 위에서부터 2열 또는 3열로 가까이 퍼져서 붙는다. 포막은 둥근 신장형으로 늦게까지 남아 있으며 가장자리가 거의 밋밋하다. 대한민국에서는 광주광역시에서만 자라고 세계적으로는 중국 동남부, 일본 남부에 자란다. 비교적 최근에 국내에서 확인됐으며, 집단 및 개체수가 매우 적은 남방계 희귀식물이다.

각시톱지네고사리를 포함해 양치식물은 포자로 번식하며, 잎, 뿌리, 줄기를 갖고 있는 유관속식물로 가장 오래되고 원시적인 식물이다. 오랜 세월 동안 탄생과 소멸을 반복하면서 현재의 다양한 양치류로 존재하며, 이들은 각기 다양한 생활사를 갖고 진화해왔다. 양치식물이 사는 서식지는 대부분 습기가 있으며 적당한 온도를 유지하는 곳이다. 그러나 일부 양치식물은 사막지역이나 덤불지대, 나출된 절벽위, 시멘트로 틈을 메운 성벽 같은 건조한 환경에서 자란다. 아프리카, 미국 남서부지역, 멕시코는 기온이 42℃가 넘으며 비가 오지 않는 건조한 사막 등지에서 주로 건생 양치식물들이 자라고 있다.

이 식물들은 건조를 막기 위해 잎 뒷면에 왁스를 덮고 있어 물의 손실을 막는다. 대부분 다년생 식물로 수분을 저장할 수 있는 두꺼운 뿌리줄기가 있어 잎이 말라도 다시 새순을 내어 생명을 이어간다. 특히 뿌리줄기와 잎자루, 줄기 등 털이나 비늘조각의 모양과 크기는 식물마다 다양하다. 관중과 식물은 특히 비늘조각이 많아서 잎몸 전체에 덮여 있다. 털과 비늘조각은 수분 손실을 막을 수 있어 양치류가 극한의 건조한 상태에서도 견딜 수 있게 한다. 모든 생물의 특성이 그러하듯 양치식물

도 어려운 환경속에서 적응해 진화된 모습으로 지구 곳곳에 오랜 세월을 버텨 온 생존전략이 눈물겹도록 아름답다.

양치식물 중 각시톱지네고사리는 극히 일부 지역에서 살아온 종으로 국립공원 중 무등산국립공원에만 분포하는 것으로 나타났다. 진화관점에서 보면 적자생존의 끝판왕인 셈이다. 하지만 생태적 가치로 보면 이곳에서만 살고 있으니 보전을 우선하지 않으면 절멸할 가능성이 크다고 볼 수 있다. 우리가 무등산국립공원을 저지대 숲에서 정상부까지 보전하고 복원해야 하는 이유가 바로 여기에 있다.

4. 오매불망 귀한 손님

으름난초

ⓒ임윤희

208

장맛비가 내리고 숲이 아늑해질 때쯤 자나 깨나 잊지 못하고 오매불망 만나는 으름난초이다. 좀처럼 보기 힘든 꽃이라서 일부러 찾아야 겨우 볼 수 있는 꽃이다. 으름난초를 만나면 "장하고 반갑구나. 그대 이름 으름난초여"하고 나도 모르게 말하게 된다. 다년생이지만 매년 같은 장소에 피지 않는다. 또 만날 수 있다는 보장도 없기에 매년 기다리는 마음만큼 만나는 기쁨과 환호가 터진다. 이리 보아도 저리 보아도 황금색 빛깔 속 노란 꽃잎이 매혹적이다. 긴 꽃대에 올망졸망 꽃망울이 달린 모습과 땅속을 뚫고 힘찬 꽃대를 피우는 강인함에서 감탄사가 절로 나온다.

으름난초는 생김새가 독특한 으름덩굴의 열매와 닮았다고 해서 붙여진 이름이다. 멸종위기 Ⅱ급과 한국 적색목록의 취약종(VU)으로 지정해 관리하고 있다. 난초과에 속하며 식물구계학적 특정식물 Ⅴ등급으로 극히 일부 지역에만 고립해 분포하거나 희귀한 지역에만 분포하는 특성이 있는 식물이다.

생태적 특징으론 '개천마'로도 불리는 으름난초는 숲속에 사는 여러해살이풀이다. 썩은 균사에 기생하며 식물 전체가 녹색인 부분이 없어 광합성을 하지 않는다. 일본·중국에도 분포하고 남방계 식물이지만 우리나라에는 내륙으로 덕유산 부근까지 올라와서 살아가고 있다. 특히 충남 태안과 전북 진안, 전남 보성, 영암군, 제주도 일원 등 10곳 미만에만 자생지가 있는 보기 드문 식물이다. 조릿대 숲과 같은 주로 빛이 잘 들지 않고 습한 숲속에 살고, 최대 1~1.5m까지 자란다. 여러 개의 황갈색 꽃이 길게 늘어져 한 데 달리고, 7~8월이면 타원형의 붉은 열매도 달린다. 으름처럼 생긴 독특한 모양의 열매 때문에 관상용으로 무분별한 채취가 이루어지고 있어 안타깝다.

으름난초는 한 해 땅속에서 나와 꽃을 피웠다가 다음 해는 종적을 감추고 몇 년 뒤에 다시 그 자리에 올라오는 식으로 살아가는 특이한 식물이다. 썩은 균사에서 기생하고 식물체 어디에도 엽록소가 없어 광합성을 하지 못하는 부생식물이다. 이식해도 살 수 있다는 보장이 없어 자생지 외 보전이 쉽지 않다. 썩은 버섯에 기생하므로 버섯 없이는 살지 못한다. 즉 광합성을 하지 않는 부생식물은 버섯의 도움을 받아 영양분을 얻어 살아간다. 뿌리 속에는 '아르밀라리아'라고 하는 버섯의 균사가 들어 있어야만 줄기를 올리고 꽃을 피울 수 있다. 수정란풀이나 으름난초, 천마 등이 이에 속한다. 이와 같은 식물들에서 녹색이란 찾아볼 수 없고, 잎은 퇴화해 흔적만 남아 있다. 그리고 열매 대부분은 스스로 새싹을 틔울만한 에너지를 갖고 있지 않아 땅속에서 버섯의 도움을 받지 못하면 1년이고 10년이고 씨앗으로 남아 있다. 운이 좋아서 버섯을 만나면 비로소 꽃대를 올려 열매를 맺는 힘든 과정을 거쳐야만 한다.

이런 특이한 생태에다 엽록소 없이 피어낸 아름다운 꽃과 빨간 열매까지 달리는 으름난초는 인기가 많다. 특히 사람들의 접근이 쉬운 사찰 주변이나 탐방로 주변에 분포하기 때문에 눈에 띌 가능성도 높다. 이런 훼손 우려 때문에 환경부는 1993년부터 멸종위기식물로 지정해 보호하고 있지만 여전히 갈 길은 멀다. 울타리나 출입금지 안내판으로는 으름난초를 멸종으로부터 구할 수 있는 데는 한계가 있다. 따라서 으름난초가 분포하는 주변 일대의 사유지를 매수하고 복원해 특별보호구역으로 지정할 필요가 있다.

특히 도심지역에 있는 무등산국립공원은 다양한 서식지가 작은 면적으로 모여 있어 환경의 변화나 외부 위협에 쉽게 노출 또는 훼손이 가속화되어 많은 종이 빨리 사라질 수 있다. 소음과 빛공해, 샛길이나 도로 등으로 인한 위협은 관리가 필요하고 동시에 다양한 보호 방안을 마련해야 한다. 이를 위해 첫째는 개체수가 적고 보호가 필요한 종은 복원 및 생육지 관리가 필요하다. 둘째는 멸종위기식물이 분포하면 사유지를 적극적으로 매수해 복원해야 한다. 셋째는 생태계교란식물인 돼지풀, 애기수영, 환삼덩굴 등 외래식물 제거와 생태경관개선사업을 적극적으로 추진해야 한다. 이처럼 적극적이고 합리적인 보전전략과 실천을 통해 100년 광주의 미래세대에게 더 건강하고 아름다운 자연생태계를 물려줄 수 있을 것이다.

으름난초의 열매　　　© 임윤희

털조장나무

© 임윤희

이른 봄 촛대 모양의 노란 불빛을 밝히는 꽃을 만난다. 초록 잎은 나오지 않아 가지 끝에 조그마한 꽃은 봄의 향연을 느낄 수 있을 만큼 눈에 띄게 아름답다. 오래된 가지나 새가지나 녹색을 띤 채 그 끝에 피어난 꽃은 은은한 향내를 풍긴다. 생강나무나 비목나무보다 향기가 맑아 코끝에서 온몸으로 향기가 퍼진다. 감각의 세계로 끌어들이는 털조장나무가 뿜어낸 맑은 향기가 오늘 하루를 즐겁게 만든다. 테르펜의 화학물질이 나와 사람의 심신을 안정시키고 스트레스를 낮춰준다고 하니 치유의 숲이 털조장나무 숲이다.

털조장나무는 녹나무과에 속하며 잎에 털이 있다고 해서 붙여진 이름이다. 우리나라 생강나무와 유사하고, 한자는 '낚을 조(釣)'에 '녹나무 장(樟)'을 써서 조장나무라고 하는데, 꽃 모양이 낚싯바늘과 낚시 추 모양이고 낚싯대로 사용하기 좋은 나무줄기라서 붙여진 이름이지 않을까 추정해본다. 녹나무과는 전 세계 40속, 1,500여 종이 있으며, 한국에는 8속 15종이 분포한다. 털조장나무를 비롯해 생강나무, 비목나무가 이에 속한다. 이 중 털조장나무는 식물구계학적 특정식물 IV등급으로 한 아구에만 분포하는 식물이다. 해외로 잎 한 장 반출 못 하는 국외반출 승인대상이다.

털조장나무는 무등산국립공원의 깃대종이기도 하다. 2013년 무등산국립공원이 우리나라 21번째 국립공원으로 승격되면서 식물 깃대종으로 털조장나무를 선정해 보호하고 있다. 여기서 깃대종이란 특정 지역의 생태, 지리, 문화적 특성을 반영하는 상징적인 야생동식물로서 생태계의 다양한 종 가운데 사람이 중요하다고 인식하는 종을 말한다. 현재 우리나라 국립공원의 깃대종은 제주특별자치도에서 관리하는 한라산국립공원을 제외하고, 22개 국립공원을 대상으로 총 41종의 야생 동식물을 깃대종으로 지정해 관리하고 있다.

생태적 특징은 계곡이나 사면에서 자라는 작은키나무이다. 줄기는 높이 3m에 이르며, 어린 가지는 황록색이다. 잎은 어긋나며, 양면에 털이 있다. 잎 뒷면은 회백색이며, 옆줄 6~9쌍이 뚜렷하다. 꽃은 암수딴그루로 3~5월에 잎보다 먼저 피는데, 가지 끝의 꽃차례에 달린다. 꽃잎은 노란빛이며 6장이다. 열매는 둥글고 10월에 검게 익는다. 우리나라 무등산이나 조계산에 자생하며, 일본에도 분포한다. 세계적으로 일본과 우리나라에만 자라는 희귀식물이다. 지역주민들은 털조장나무를 생강나무라고 부르기도 한다. 노란꽃과 녹색의 새가지, 생강과 비슷한 냄새가 마치 생강나무와 비슷하기 때문이다. 그러나 털조장나무는 꽃이 가지 끝에 달려 피며, 나무껍질은 오래된 가지든 어린 가지든 모두 짙은 녹색이고, 껍질눈이 있다. 하지만 생강나무는 꽃이 줄기 중간에 달려 피며, 오래된 줄기는 회색이지만 어린 가지는 짙은 녹색이고 흰 반점의 껍질눈이 있어 확연히 다르다.

꽃이 핀 생강나무 ©임윤희

세계적으로 우리나라와 일본에만 분포하고 더 나아가 우리나라에서도 남도의 조계산과 무등산 일원에서만 제한적으로 사는 털조장나무는 학술적 가치가 매우 높다. 일정 이상 자라면 줄기가 고사하고 그루터기에서 새 가지가 나와서 그 수를 늘리는 방향으로 자란다. 한 그루터기에서 27개까지 나오기도 하는 등 환경적 적응과 특이한 생존전략을 갖고 있다. 주로 북동사면, 북서사면까지 분포해 햇빛 조

털조장나무 잎   털조장나무 열매

건이 좋지 않은 생육지에서 잘 자란다. 또한 배수가 잘되는 바위지대나 모래가 섞여 있는 땅을 좋아하며 맹아지인 줄기로 자라는 특이한 생태적 특징을 보인다. 그러나 주로 낮은 지대의 등산로와 가까운 곳에 자생하기 때문에 훼손 우려가 크다. 특히 국립공원 외 지역은 작은 나무들을 베어내는 숲가꾸기 사업과 조릿대 침입으로 점점 고사할 우려가 있다. 생물다양성협약의 「나고야의정서」에 따른 생물자원의 주도권 확보가 중요함에 따라 학술적 가치가 높은 털조장나무의 개체군 관리와 생육지 보전전략이 필요하다. 이를 위해서는 인위적인 간섭을 줄이고 정밀 조사를 통해 털조장나무의 생태적 가치를 파악하고 본격적인 보호 노력에 모두가 힘을 모아야 할 것이다.

6. 순간을 영원히 사랑하기

/

난쟁이바위솔

난쟁이바위솔을 만난 것은 행운이다. 천지인 봉우리를 모두 품은 산, 무등산국립공원 정상부에서 이 꽃을 만나기란 쉽지 않은 일이다. 그곳은 군사보호지역으로 일반인은 출입금지구역이기 때문이다. 2013년 무등산이 21번째 국립공원으로 지정된 후 최초로 훼손지를 복원한 곳이 지왕봉이다. 콘크리트 계단을 정과 망치로 정성껏 걷어내고, 원상태의 주상절리의 속살이 드러나자 난쟁이바위솔이 상처를 보듬고, 그 자리에서 자라고 있다. 깊은 산 건조한 바위를 꼭 품은 체, 안개의 이슬을 머금고 추위와 더위를 견디면서 자연의 순리대로 온전히 살아내고 있다. 바위와 함께 순간을 영원히 사랑하며 사는 난쟁이바위솔의 강인한 생명력이 놀랍고 대견하다.

난쟁이바위솔은 다육식물로 바위솔 종류에서 난쟁이처럼 가장 키가 작다고 해서 붙여진 이름이다. 돌나물과에 속하며 식물구계학적 특정식물 III등급으로 총 2개의 아구에 분포하는 식물이다. 원래 바위솔이라는 이름은 바위에 붙어서 자라고 솔방울 모양처럼 꽃이 핀다는 의미에서 붙여졌으나 난쟁이바위솔은 종류가 약간 다른 식물이다. 꽃이 솔방울처럼 피지 않고 바위채송화처럼 작은 꽃송이가 모여서 핀다.

바위솔 종류는 보통 약용식물로 많이 사용하기 때문에 '와송'이라는 이름이 더 친숙하기도 하다. 바위솔의 또 다른 이름은 '지붕지기'라고도 부른다. 오래된 기와지붕에 무리지어 자라는 경우가 많아서 시골집 지붕을 올려다보면 솔방울처럼 꽃대를 높여 햇볕을 쐬면서 자라는 모습을 간혹 보곤 한다. 바위솔이 꽃을 피면 죽음에 가까워졌다는 뜻이다. 대나무와 비슷하게 평생 한 번 꽃을 피우면 죽음을 맞이

바위솔은 오래된 기와지붕에 무리지어 자라는 경우가 많다.

하는 운명이다. 다행히 난쟁이바위솔은 운명을 비켜 간 듯 자생지를 넓혀가면서 안개 속 이슬을 먹으며 왕성하게 잘 자라주고 있다.

난쟁이바위솔의 생태적 특징은 깊은 산 바위 겉에 자라는 여러해살이풀로 높이는 2~10cm가량이다. 꽃은 8~9월에 백색 바탕에 다소 붉은빛이 돌며 취산꽃차례로 달려 핀다. 꽃받침과 꽃잎은 5개이다. 뿌리줄기는 굵고 짧으며 끝부분에서 많은 잎과 줄기가 모여난다. 잎은 다육질의 선형으로 끝에 바늘 모양의 작은 돌기가 있다. 줄기잎은 뿌리잎보다 약간 짧고, 끝이 희미하다. 안개 속 습기가 많은 날에는 줄기잎이 진한 녹색으로 변하고 햇볕이 내리쬐는 날에는 붉은색 계통으로 바뀐다. 수년간 척박한 바위에서 수분조절을 통해 살아온 생존전략인 셈이다. 우리나라 중부 이남에 나며, 세계적으로 일본과 한반도에만 자라는 희귀식물이다.

난쟁이바위솔과 같은 바위나 돌에 사는 야생화나 작고 앙증맞은 꽃을 보려면 허리를 숙여 눈을 맞춰야 한다. 그 순간 자연의 경외감을 느낄 수 있다. 바위채송화, 바위취, 돌양지꽃 등 척박한 바위에서 안개 속의 이슬을 머금으며 살아가는 뭇 생명들의 끈질긴 인내와 열정을 보노라면 눈물겹다. 견디는 자가 결국 승리하는 '적자생존'의 이치를 깨닫는다. 특히 생물다양성 측면에서 한 종이 도태되지 않고 살아 있다는 것은 위대한 혁명이다. 우리 곁에 난쟁이바위솔이 살고 있다는 것만으로도 감사할 일이다.

© 임윤희

/

석곡

인적이 드문 숲속 바위나 오래된 나무 위에서 잘 자라는 석곡을 만나려면 적지 않은 용기와 튼튼한 다리, 그리고 무엇보다 강심장을 가져야 한다. 가는 길도 험하지만 제대로 눈맞춤 하기엔 너무나 높은 나무 위에 자라거나 위험한 절벽에 자생하기 때문이다. 깊은 숲속에서 만난 석곡은 대부분 높은 바위에서 자라는 특징이 있어 암벽을 타거나 드론을 띄워야 만날 수 있다. 낮은 지대 바위에서 사는 석곡은 거의 다 사라져서 고사했기 때문이다.

제때 꽃피는 시기를 잘 맞추어 가고 싶지만, 워낙 가는 길이 힘들고 가더라도 암벽전문가와 함께 가야만 가까이서 만날 수 있다. 그래서 귀하고도 귀한 멸종위기식물인 석곡이라 말하곤 한다. 원시림처럼 우거진 숲을 헤치고 가다 보면 워낙 습해 모기뿐만 아니라 뱀도 많이 나타난다. 때론 경사도 급해 두 발로는 갈 수 없어 네발로 기어오를 때도 있다. 큰 바위가 나타나고 그 위를 올려다보면 틈이 벌어진 곳에 방석처럼 모여 자라는 석곡을 드디어 만나게 된다. 보기 드문 석곡, 높은 곳, 바위 절벽에서 뿌리를 내리고 외로이 사는 석곡을 만나니 그저 반갑기도 하고 안쓰럽기도 하다. 서식처가 안전하지 않기 때문에 몰리고 몰려서 깊은 숲속의 구석진 곳에 조심스럽게 보금자리를 잡고 살아가고 있다.

석곡은 바위틈에 뿌리를 내려 붙여진 이름이다. 또한 '석란'이라고 부르기도 한다. 다른 지역에서는 줄기에 있는 마디들이 대나무와 비슷하다고 해 '죽란'이라고도 부른다. 난초과에 속하며 식물구계학적 특정식물 Ⅴ등급으로 극히 일부 지역에만 분포하거나 희귀한 지역에만 자란다. 한국적색목록의 위기종(EN)이며, 멸종위기식물 Ⅱ급이기도 하다.

생태적 특징은 상록성 여러해살이풀이며 바위나 나무에 붙어사는 착생식물이다. 우리나라 제주도와 전라도 일대에 자생한다. 잎은 2~3년 살며, 잎이 떨어진 다음 3년째에 흰색 또는 연한 분홍색 꽃이 핀다. 뿌리줄기는 짧고, 많은 뿌리가 나온다. 줄기는 녹갈색이며, 높이는 10~30cm이다. 잎은 2~3년 살며, 어긋나고, 짙은 녹색, 윤기가 있다. 꽃은 2년 전에 나온 줄기 끝에 1~2개씩 달리며, 흰색 또는 연한 홍색으로 향기가 좋다.

무등산국립공원에 자라는 석곡은 다도해해상국립공원이나 월출산국립공원에 비해 자생지와 개체수가 많은 편은 아니다. 생육지는 2~3개소이고 개체수는 거의 50개체 미만이다. 줄기 모양이 대나무처럼 마디가 있고 꽃향기가 좋아 무분별하게 뽑아가기 때문에 대부분 멸종위기식물이다.

어릴 적 기억에 소풍을 가면 바위나 나무 위에 흔하게 만났던 석곡이 생각난다. 아름다운 그 꽃의 향기에 취해서 집 안마당에 심어 놓으면 어느새 방석만큼 커다랗게 번져가던 친근한 석곡이었다. 지금처럼 멸종위기식물이 되리라곤 생각하지도 못했던 시절이었다. 분재 바람이 불면서 나무나 돌에 붙여 키우는 소재식물로 인기가 있고, 집에서 키우기 쉽다는 이유가 이 식물이 야생에서 거의 다 사라지게 된 원인이기도 하다. 환경부는 1998년에 자생지가 비교적 많다고 판단해 법정보호종에서 제외했으나 이후 야생에서 빠른 속도로 사라졌기 때문에 2012년부터 다시 멸종위기 야생생물 Ⅱ급으로 지정해 보호하고 있다.

대부분의 석곡은 높은 바위에서 자라는 특징이 있어 암벽을 타거나 드론을 띄워야 만날 수 있다.

무등산국립공원의 석곡도 예외는 아니다. 매년 석곡 자생지 분포면적과 개체수 확인을 통해 생육환경을 관찰하면서 1포기에서 새로운 한 개의 줄기가 올라왔을 때 느끼는 기쁨은 이루 말할 수가 없을 정도로 행복하기만 하다. 척박한 환경에서 새로이 1촉이 올라왔다는 것은 환경적·생태적으로 건강성을 회복해가고 있다는 신호인 셈이다. 생육지로서 습도와 온도 등 적합한 환경을 유지하고 있다고 볼 수 있다.

그러나 도심 가까이 위치한 무등산국립공원은 인위적인 간섭과 훼손 우려가 큰 곳이다. 게다가 기후변화로 인한 이상기후 현상의 결과인지 석곡 꽃이 보통 5~6월 사이에 피어야 하는데 8월에 피어나기도 한다. 7월 장마가 8월 가을장마로 이어지면서 석곡 꽃이 핀 것이다. 이런 여러 현상에 대한 원인을 파악하기 위해 지속적인 모니터링과 보전방안이 이루어지고 있다. 그나마 다행인 점은 무등산국립공원 석곡 꽃은 매년 5월 중순이면 고고하게 꽃을 피우고 있다. 높은 곳에서 외롭지만 향기롭게 바위틈을 비집고 무럭무럭 방석처럼 퍼져주길 간절히 바랄 뿐이다.

/

솔나리

ⓒ임윤희

　솔나리는 정성과 땀을 흘린 자가 아니라면 그 황홀한 자태를 쉽게 보여주지 않는다. 안개 자욱한 아고산지역(해발 1,000~1,500m)에서 고고한 자태로 피어나는 솔나리를 만났다. 연분홍빛 꽃잎에 고개 숙인 가녀린 꽃자루가 왠지 뭉클하다. 매년 꽃피는 시기를 예상해도 활짝 핀 꽃을 만나기란 어렵다. 게다가 생육지가 주로 덕유산국립공원의 위쪽 또는 북쪽에서 사는 식물이라면 남도지역에서 보기란 더욱 쉽지 않다.

　홀로 한여름 불볕더위 속에서도 소나무 숲이나 철쭉 숲 그 어디쯤에서 자생하고 있으니 숲속에서 보물 찾듯이 헤매기 일쑤다. 늦어도 안 되고, 빨라도 안 되고, 일주일 간격으로 오르내리기를 반복한다. 여러 날 발품 팔아 드디어 활짝 핀 꽃을 만났으니 반갑기 그지없다. 그냥 스쳐 지나가면서 우연히 만날 수 없는 한여름 땀을 흠뻑 흘리고 올라가야만 만날 수 있는 꽃이라는 그 사실을 이해하고 받아들이게 되면 더 이상 힘들지 않다. 일단 받아들이게 되면 힘들다는 그 사실은 문제가 되지 않는다.

한참 동안 연분홍빛 투명한 솔나리를 들여다보면 누구도 부러워하지 않고 자신의 운명에 깊이 힘쓰고 있는 꽃봉오리처럼 느껴진다. 자연이 주는 최고의 지혜는 경이로움 그 자체라는 점을 깨닫게 해주는 순간이다. 게다가 땀을 흘리는 자에게는 더 이상 바랄 게 없는 신선의 마음이 이런 게 아닐까 하는 감동까지 안겨준다.

솔나리는 잎이 솔잎처럼 가늘어 붙여진 이름으로 '솔잎나리'라고도 부른다. 나리꽃을 구분하는 기준은 꽃이 향하는 방향에 따라 다르다. 하늘을 향하면 하늘나리, 땅을 향하면 땅나리, 가운데를 바라보면 중나리, 털이 있으면 털중나리, 아래 잎이 둥그렇게 모여 나오는 말나리가 있다. 솔나리는 털중나리 또는 땅나리에 비해 잎은 더욱 가늘어서 솔잎 같고, 꽃은 크며 분홍색 또는 붉은 보라색이다. 또한 흰색 꽃이 피는 흰솔나리와 검은빛이 도는 검은솔나리가 있다. 구근식물인 나리꽃에 속하며 식물구계학적 Ⅳ등급으로 한 아구에만 분포하는 식물이다. 한국적색목록의 관심대상종(LC)이며 해외로 잎 한 장 반출 못 하는 국외반출 승인대상이다. 1989년에 멸종위기식물 Ⅱ급으로 지정했으나 2012년에 해제됐다. 해제이유는 주왕산에서 5,000개체가 생육하는 등 전국에서 10,000개 이상이 분포하고 있다는 점을 들고 있다.

솔나리의 생태적 특징은 백합과에 속하며 고산지대 떨기나무 숲, 풀밭으로 된 산기슭 등에서 드물게 자라는 여러해살이풀이다. 비늘줄기는 하얗고 줄기는 곧다. 잎은 주로 줄기 가운데 부분에 촘촘히 어긋나며, 소나무잎처럼 가늘고 잎자루는 없다. 꽃은 7~8월에 줄기 끝에서 1~6개씩 옆이나 밑을 향해 달리며, 분홍색 또는 붉은 보라색으로 핀다. 꽃줄기는 길며 꽃잎은 6장으로 뒤로 젖혀지고 안쪽에 자주색 반점이 있다. 수술은 6개, 꽃밥은 붉은색이고 암술은 한 개로 수술보다 길게 나온다. 우리나라 남덕유산 이북에 자생하고 중국, 러시아에 주로 분포하고 있다.

남도지역 아고산지역에서 만난 솔나리는 유일하게 1개체가 10년 동안 번식도 하지 않고 꽃을 피우며 자란다. 올해는 꽃대에서 한 개의 꽃이 피었는데 생육상태가 그리 좋지만은 않다. 소문에 의하면 "누군가가 남도지역에서 제대로 살 수 없는 식물인데 이곳에 식재를 하지 않았나?"라고 의문을 품은 이야기를 전하기도 한다. 10년 동안 1개체가 그 자리에서 자라고 있으니 충분히 가늠해볼 수 있는 이유이기도 하다. 일단 식재를 하더라도 강원도 이북의 깊은 산에 주로 분포하는 식물이라 남도지역의 생육지에서 활착하면서 버터 내기란 쉽지는 않을 수도 있다. 더군다나 기후변화로 폭염이 이어진다면 번식은 커녕 솔나리 1개체마저도 사라질 가능성이 크다.

다행인 점은 국립공원이라는 보호지역 내에 솔나리 생육지가 존재한다는 점이다. 보호지역은 생물다양성 보전의 핵심 역할을 하고 생물자원의 중요한 공급처이자 기후변화를 완화하는데 핵심요소이기 때문이다. 전 세계 인구의 1/6이 보호지역내 생물다양성에 생존을 의존하고 있고, 신규 발견된 의약물질의 80%는 생물자원을 기반으로 한다. 게다가 생물다양성 국제협약인 「나고야의정서」는 국가 소유의 생물자원에 대해서는 주권을 인정하고 있다. 즉 생물다양성은 국가 부(富)의 상징으로 떠오르고 있고, 보호지역 생물자원은 훼손하지 않고 보호하는 정책으로 패러다임이 바뀌어 가는 추세다. 따라서 우리 인류에게 다양한 혜택을 제공하는 보호지역의 생육지 보전과 자생식물 솔나리를 포함해 남도풀꽃의 생태적 특징과 가치를 밝혀내는 것이 향후 국가의 자산뿐만 아니라 우리 후손들에게 뜻깊은 일이될 것이다.

왕다람쥐꼬리

왕다람쥐꼬리를 만나려면 마음을 단단히 먹어야 한다. 석송과에서 가장 만나기도 어렵고, 설령 위치를 알더라도 접근이 어렵고, 가는 길조차 위험해 찾아보기 힘든 존재이다. 왕다람쥐꼬리가 사는 무등산국립공원의 생육지는 위험천만한 너덜지대이다. 일반적인 너덜지대 탐방로는 바위가 놓여있는 편안한 길이라면 이곳은 큰 바위들이 많아 네발과 엉덩이를 딱 붙이고 조심스럽게 움직여야 하는 길이다. 들어가는 입구조차도 경사가 급하고 우거져서 허리를 최대한 굽히거나 뒤로 젖혀야 한다. 이렇듯 위험천만한 곳에 사는 왕다람쥐꼬리를 만나는 일은 반가우면서도 심장이 두근거리는 경우가 많다.

그러나 한번 만나면 그 매력에 흠뻑 빠질 수밖에 없다. 생김새가 마치 다람쥐꼬리처럼 앙증맞게 생겨서 친근감이 저절로 들기 때문이다. 게다가 왕다람쥐꼬리가 사는 생육지는 특별보호구역으로 지정해 관리하는 곳이라서 개체수 조사와 분포 면적 등 생육상태를 파악해야 한다. 그래서 매년 왕다람쥐꼬리를 보러 갈 때마다 진땀이 나곤 하지만, 만나면 만날수록 정이 드는 식물이다. 천년만년 바위와 함께 푸른빛으로 빛나는 왕다람쥐꼬리가 잘 사는 모습을 보면 마음 졸이는 일은 기억에서 모두 사라질 정도로 행복하다.

왕다람쥐꼬리는 가느다란 식물 모양이 다람쥐의 꼬리처럼 생겨 붙여진 이름이다. 식물의 생김새에서 유래한 이름으로 다람쥐꼬리에 비해 식물 전체가 커서 '왕' 자를 앞에 붙일 정도로 큰 편이다. 왕다람쥐꼬리를 포함해 다람쥐꼬리, 긴다람쥐꼬리, 뱀톱 등이 있다. 이들은 모두 양치식물로 형태가 똑바로 선 줄기에 작은 잎이 빽빽이 돋아나는 모양이며 잎 겨드랑이에 포자주머니가 생기는 특징을 갖고 있다. 석송과에 속하며 식물구계학적 특정식물 V등급으로 극히 일부 지역에만 고립되어 분포하거나 희귀한 지역에만 분포하는 특성을 가지는 식물이다. 한국적색목록의 위기종(EN)이기도 하다.

생태적 특징은 숲속 나무 또는 바위 위에서 상록성 여러해살이풀로 착생하는 양치식물이다. 줄기를 비롯한 가지는 곧게 서거나 비스듬하다. 잎은 빽빽하게 돋아나서 비스듬히 달리며, 뾰족하고 가장자리는 매끈하다. 포자 잎은 영양잎과 형태가 같거나 약간 차이 나지만 따로 포자낭 이삭을 만들지 않는다. 포자낭은 포자잎의 겨드랑이에 달린다. 강원 금강산, 전남 대둔산, 지리산, 제주도 한라산 등에 분포한다.

전국에서 왕다람쥐꼬리의 개체수는 100여 개체 미만으로 생육지가 매우 적은 편이다. 그중 무등산국립공원에서만 약 20개체가 극히 일부 지역에만 분포하거나 생육하고 있다. 현재 생육상태는 매우 양호한 편이고 매년 촉(줄기)이 2~3개씩 증가하고 있는 것으로 나타났다. 참으로 다행스럽고 반가운 일이다.

현재 무등산국립공원은 왕다람쥐꼬리 자생지를 포함해 용연계곡 석곡 자생지, 평두메습지 등 총 3곳(212,746㎡)을 특별보호구역으로 지정·관리하고 있다. 이는 무등산국립공원 면적의 0.28% 정도로 극히 일부분에 해당한다. 멸종위기종인 으름난초와 대흥란이 자생하는 원효사 일대와 국내 최대 풍혈지대로 학술적 가치가 높은 누에봉 일원은 보전가치가 높은 생물종 서식지임에도 아직 지정하지 못하고 있다. 따라서 왕다람쥐꼬리 자생지를 포함한 특별보호구역 3개소의 면적 확대와 원효사일대 및 누에봉 일원 등 추가지정을 통해 자생지 훼손을 예방하고 적극적인 보전과 보호를 위한 홍보가 필요한 시점이다.

© 임윤희

국립공원 특별보호구역

　국립공원은 희귀한 식물종과 생태계를 보전하기 위한 목적으로 특별보호구역을 지정해 관리하고 있다. 특별보호구역은 자연자원조사 및 모니터링을 통해 발견된 법정보호종 및 중요 동식물 자원의 서식지를 특별 관리해 공원 자원 및 생태계를 보전하기 위한 목적으로 해당 지역을 보호구역으로 지정·관리하는 제도이다. 특히 국립공원 내 학술적, 과학적 보전가치가 높은 생물종 서식지, 산란지, 습지 등을 추가 지정해 사유지를 매수하고 적극적으로 생물종의 보전과 복원을 추진하는 보호지역 정책이다.

지리산국립공원

다도해해상국립공원

무등산국립공원

/

입술망초

한여름 땡볕이 내리쬐는 숲길에서 입술망초를 만난다. 앙증맞은 웃음으로 입술을 활짝 벌리고 마치 누군가를 환영하듯 핀 꽃은 생기발랄하고 열정적이다. 벌과 나비에게 끊임없이 입맞춤을 부르는 매혹적인 모습에 그저 장난스러운 웃음만 연신 삐져나온다. 꽃이 피기 전, 아무도 모르던 그리움을 한꺼번에 토해내듯 뚜렷한 존재감을 드러내고 있다. 반나절 열정적으로 피어난 꽃은 오후에는 꽃잎이 시들어 축 늘어진다. 자신의 많은 에너지를 꽃에 집중하느라 정작 화려한 날들이 짧다. 꽃의 숙명이자 결실을 보는 것이 바로 자연의 섭리라는 것을 입술망초는 잘 알고 있는 듯하다.

입술망초는 윗입술과 아랫입술로 나누어진 꽃잎이 입술을 닮아 붙여진 이름이다. 식물 이름에 망초가 붙은 경우는 흔한 잡초의 의미로 대부분 해석하지만, 입술망초는 남도지역에서만 볼 수 있는 희귀식물이다. 망초가 붙은 식물이름은 망초, 개망초, 쥐꼬리망초 등 다양하지만 꽃의 형태상 쥐꼬리망초와 가깝다고 볼 수 있다. 망초나 개망초는 국화과 식물로 북아메리카가 원산지이며 일제강점기에 들어와 전국에서 무성하게 자라는 귀화식물이다. 반면 입술망초와 꽃이 비슷하게 생긴 쥐꼬리망초는 쥐꼬리망초과의 한해살이풀로 우리나라가 원산지인 자생식물이다. 매우 적은 것을 비유적으로 이르는 쥐꼬리와 망초를 합쳐서 붙인 식물 이름이 쥐꼬리망초이다. 입술망초는 쥐꼬리망초와 꽃이 비슷하지만, 윗입술 꽃잎이 아랫입술 꽃잎보다 길거나 대칭적이기 때문에 쉽게 구분한다. 쥐꼬리망초과에 속하며, 식물 구계학적 특정식물 Ⅳ등급으로 한 아구에만 분포하는 희귀한 식물이다.

입술망초와 닮은 쥐꼬리망초
ⓒ 임윤희

입술망초의 생태적 특징은 숲 가장자리나 풀밭에 자라는 여러해살이풀이다. 줄기는 가지를 치고 짧은 털이 있다. 잎은 좁은 난형 또는 타원형으로 가장자리는 밋밋하다. 꽃은 8월에 붉은 자주색으로 피며, 가지 끝이나 잎겨드랑이에 2~3개씩 모여 달린다. 꽃잎은 위아래 2장이며, 1개의 암술과 2개의 수술이 있다. 아랫입술 꽃잎은 긴 타원형이다. 우리나라 무등산국립공원 일원과 화순군 등 전라남도에 자생하며, 일본, 중국 등에 분포한다.

입술망초는 남도지역의 대표적인 희귀식물로서 보전가치가 매우 높다. 이들이 사는 생육지가 다른 지역에서 발견되지 않고 현재로선 남도지역이 유일하다. 게다가 매년 관찰 조사를 통해 개체수나 생육지 분포면적을 조사해 보니 감소추세에 있다. 이런 원인은 첫 번째로 입술망초가 사는 생육지가 주로 계곡물이 흐르는 산기슭과 습기가 있는 비옥한 땅인 저지대로 인위적인 간섭과 생태계 파괴가 일어나기 쉬운 지역이라는 것이다. 두 번째는 주변 환경이 도로나 정규탐방로가 있음에도 샛길로 이어져 훼손이 이루어진다는 것이다. 게다가 출입금지 안내판, 울타리 등 보호시설을 추가로 설치하더라도 오래가지 않는다. 특히 희귀식물이거나 멸종위기식물이라고 알려진다면 꺾어가거나 뽑아가기 일쑤이기 때문에 보호시설을 설치하기도 쉽지 않다는 것이다.

역설적인 것은 여리고 약한 입술망초 풀꽃들이 자신들을 모질게 대하는 사람의 영역으로 자주 가까이 온다는 것이다. 도로 사이 틈새로 햇빛이 들어오면 초록의 생명이 피어난다. 그리고 앙증맞은 작은 꽃으로 이목을 집중시킨다. 피하려고 했던 그 고통보다 피하려는 마음이 더 고통스러워진다는 것을 알고 있기 때문일까?

이런 생존전략은 고통을 겪는 것은 그만한 가치가 있으며 그에 따르는 고통을 겪어야만 성장한다는 자연의 진리를 담은 공생의 메시지를 입술망초가 우리에게 전하고 있다. 따라서 오히려 우리가 이들과 잘 살 수 있도록 관심과 배려가 요구되는 시점이다.

광주·전남 지역에 유일하게 서식하는 특정식물인 입술망초의 보전을 위해서는 자연생태계 보전과 복원에 대한 중요성을 깨닫고 인식 전환을 위한 교육 및 홍보가 필요하다. 아울러 이들의 생육지를 보전·관리해 남도의 향기를 후손들에게 물려주는 것이 공생의 메시지에 화답하고 가장 우선시해야 할 우리들의 과제일 것이다.

3장

월출산국립공원

들어가며

/

월출산국립공원

월출산은 삼국시대부터 '월나산'으로 불리며 그 이름처럼 달과 함께 기암괴석과 절경이 어우러져 아름답기로 이름난 산이었다. 월출산국립공원은 행정구역상 전라남도 영암군과 강진군에 걸쳐 있으며 면적은 공원구역이 40.702㎢, 공원보호구역이 15.557㎢이다. 월출산국립공원의 최고봉은 천황봉(809m)으로 전체적인 해발고는 낮으나 평지에서 우뚝 돌출된 급경사의 바위산으로 이루어져 있고, 험준한 산세와 기암괴석 등이 독특한 풍광을 자아내 1988년 6월에 국립공원 제20호로 지정됐다.

연평균 기온은 12.8℃로 온대 남부기후대에 속하며 상록활엽수종의 북방한계구역으로 온대기후대와 난대 기후대의 추이대로서 입지적 특성을 나타내고 있다. 월출산 최고봉인 천황봉의 연평균 기온은 해발고에 따른 기온하강 현상을 고려할 때 약 8℃ 내외로 추정되며, 난대기후대로부터 온대기후대의 수종까지 분포하는 수직적 기후 특성이 있어 생태적으로 매우 가치가 있는 곳이다.

월출산은 '달 뜨는 산'이라는 이름에 걸맞게 아름다운 자연경관과 뛰어난 문화자원, 그리고 남도의 향토적 정서가 골고루 조화를 이루고 있는 한반도 최남단의 산악형 국립공원이다. 적은 면적(56.220㎢)에 암석 노출지와 수량이 적은 급경사 계곡이 많아 자연생태계가 풍부하게 유지되기에는 어려운 조건이다. 식물 약 700종, 동물 약 800종이 서식하고 있으며, 오랜 세월 동안 암석 지형에 적응해 온 생태적인 독특성과 난대림과 온대림이 섞여 나는 위치 여건으로 그 보전 중요성은 매우 크다고 할 수 있다.

1. 세상을 바꾸다

/

산닥나무

가느다란 작은 꽃들은 뭉쳐서 피어난다. 벌과 나비가 꿀을 먹을 때 수분을 빠르게 진행하기 위해서다. 산닥나무 꽃도 마찬가지다. 이런 작은 움직임이 기후변화에 대응하는 식물들의 공생 전략이다. 오존층 덕분에 지구에 쏟아지는 해로운 자외선과 이산화탄소를 피하지 않고 오히려 산소를 더 내뿜으면서 풍부한 자연생태계를 창조해왔다. 화석연료를 태워 이산화탄소를 배출하고 지구 기온을 온난화하려는 이들을 피하지 않고 오히려 빠르게 식물지구를 만들고, 탄소흡수원으로써 이 세상을 열심히 바꾸어 가고 있다. 어쩌면 식물은 이렇게 치열하게 살아가고 있는지도 모르겠다.

폭풍우가 지나고 계곡물이 우렁차게 소리를 내며 천지를 뒤흔드는 날, 산닥나무 꽃을 만났다. 원줄기 끝에서 세 갈래로 나온 가지에서 노랗게 피어난 앙증맞은 꽃이다. 자세히 보아야 네가 꽃이구나 느낄 정도로 작은 꽃이기에 우렁찬 계곡 물소리에 한숨 돌리고 앉아 여유를 부려야만 비로소 보인다. 나팔꽃처럼 통꽃으로 피어나 세상을 향해 소리치듯 고유한 빛깔의 존재감을 과감히 드러낸다. 비바람 부는 폭풍우 속에서도 쓰러지지 않고 이 세상을 향해 피어난 꽃, 산닥나무 꽃의 운명이다.

산닥나무는 닥나무처럼 나무껍질로 종이를 만들고, 산에서 자생하기 때문에 붙여진 이름이다. 닥나무와 이름이 비슷하지만 서로 생김새와 생태적 특징이 다른 나무이다. 닥나무는 뽕나무과로 줄기를 꺾으면 나는 소리가 딱하고 부러진다고 해서 생긴 이름이다. 반면 산닥나무는 소리가 나지 않고 단지 종이를 만든다는 이유로 이름이 유사하게 붙여진 경우이다. 닥나무는 한지를 만드는데 사용하며 산닥나무는 나무의 껍질과 뿌리 섬유질이 고급 용지(사전, 지폐, 증권 등)의 원료로 쓰인다. 팥꽃나무과에 속하며 식물구계학적 특정식물 IV등급으로 한 아구에만 분포하는 희귀한 식물이다. 한국적색목록의 준위협종(NT)으로 해외로 잎 한 장 반출 못 하는 국외반출 승인대상이다.

생태적 특징은 산지에서 높이 1~2m 정도로 자라는 낙엽활엽수인 작은키나무이다. 가지는 가늘고 붉은빛을 띠는 갈색이다. 잎은 마주나며 계란형으로 가장자리는 밋밋하다. 잎 양면에 털이 없고 잎 뒷면은 흰색을 띤다. 꽃은 암수한그루이며 노란색으로 7~8월에 피는데, 가지 끝에 뭉쳐서 난다. 꽃잎과 꽃받침은 4갈래로 갈라지는 통꽃이다. 열매는 9~10월에 성숙한다. 우리나라 경기 강화도, 전남 월출산, 진도, 경남 남해 등에서 자생하며 일본 혼슈 이남, 중국 중남부 등에 분포하고 있다.

문화재청 자료에 의하면 우리나라에서는 매우 희귀한 나무로 주로 절 주변에서 많이 발견됐다고 기록하고 있다. 조선시대에 종이 만드는 일이 대개 절에서 이루어졌는데, 이를 위해 산닥나무를 일본에서 가져와 사찰 주변에 심었기 때문이다.

생육지가 그리 많지 않음에도 남해 화방사 입구의 산닥나무 자생지는 재배식물로 식재했다는 기록이 남아 있다. 그 외 생육지는 재배하던 것이 야생상태로 퍼진 것이라고 할 수 있는데, 아무리 봐도 월출산국립공원에서 본 산닥나무는 우리나라 자생식물로 여길 수밖에 없다. 생육지 주변에는 계곡만 위치하고, 종이를 만들었을 만한 흔적이나 자료도 없기 때문이다. 그런데도 월출산국립공원에는 도갑사, 무위사, 천황사 등의 사찰이 있고, 물줄기의 모습이 무명베를 길게 늘여 놓은 것처

럼 보여 이름 붙여진 경포대(베 포, 布 - '손으로 바닥에 편다'라는 의미)라는 계곡이 있다. 아무래도 연관성이 있을 법해 문헌을 찾아보았지만 명확한 기록은 찾을 수 없었다. 「생물다양성협약」에 의해 국가의 생물자원은 주권을 갖고 있기 때문에 이렇듯 산닥나무가 자생식물이냐 재배식물이냐는 매우 중요한 사안이기도 하다.

기후변화가 점점 심각해지고 있다. 이산화탄소의 농도가 점점 높아지고 온난화는 꾸준히 진행되고 있다. 그럼에도 산닥나무의 작은 풀꽃들은 지구상의 모든 생명체들과 경쟁하면서도 공생의 길을 가고 있다. 이산화탄소를 들이마시고 산소를 내뿜는 일에 전력을 다해 살아가고 있다. 식물은 지구를 만들어가고 세상을 바꾸는데 하루도 쉬지 않고 진화를 거듭하고 있다. 사람들의 무수한 발길에 짓밟히고 뽑혀도 끈질기게 되살아나는 풀꽃들이 함께 살자고 공생의 메시지를 보내고 있다. 지구생태계를 살리기 위해서는 탄소흡수원으로써 작은 움직임과 아우성에 공감하며 귀 기울여야 할 것이다.

2. 어흥하며 호랑이처럼

/

끈끈이주걱

© 임윤희

끈끈이주걱

꽃이 핀 끈끈이주걱

ⓒ임윤희

　햇살 좋은 날에 잎 위로 영롱한 붉은색 빛깔의 물방울이 반짝인다. 촉촉한 물기가 흐르는 곳에 수풀을 헤치고 나면 보이는 작은 풀꽃, 식충식물인 끈끈이주걱이다. 너무나도 작은 풀꽃이라 행여나 밟을까 가슴 졸이며 인사를 건넨다. 때론 물이 조금씩 흐르는 그늘진 얼음바위 틈새에서 줄지어 살고 있는 끈끈이주걱도 있다. 하지만 해가 지나면 곧바로 모습을 감춘다. 내 눈이 의심스러워 계절별로 혹여 만날 새라 시도 때도 없이 들여다보곤 하지만 그저 신출귀몰한 식충식물이다.

　생태계에서 최적의 환경조건은 없다. 자연계에서 최적 범위의 생태적 환경에서 살아간다는 것은 불가능하다. 경쟁, 포식, 기생 등 제한요인이 상호작용하기 때문이다. 습지는 죽은 식물들이 미생물 분해가 이뤄지지 않은 상태로 만들어진 이탄

층이 존재하는 곳이다. 대체로 강한 산성을 띤다. 보통 토양의 산도는 5.03~6.09 의 산성 농도를 나타낸다. 이런 환경에서 서식하기 힘들지만, 여전히 무성하게 잘 자란다. 산성 습지에 적응하는 방법을 터득해서 오히려 생물다양성이 가장 높은 서식지로 바꾸어버린다. 식물들도 끊임없이 이곳에서 살아남기 위해 제한요인을 극복하는 생존전략을 갖는다. 대표적으로 식충식물이 그 예이다.

식충식물은 대부분 이런 제한요인이 있는 척박한 환경에서 진화했다. 토양에 서 뿌리로 흡수할 수 있는 영양분이 얼마 없는 조건에서 살아남기 위해 잎에서 직 접 영양분을 얻는 해결책을 찾아낸 것이다. 식충식물은 이름에 걸맞게 파리나 모 기 등 작은 벌레부터 잠자리, 심지어 개구리나 들쥐 등 가리는 것 없이 한 번에 잡 아먹는다. 이들이 먹잇감을 벌레로 먹는 건 척박한 환경에 적응하기 위한 최선 의 방어에서 출발해 영양분을 섭취하는 생존 유지로 진화한 것이다. 즉 살기 위 해 필요한 영양분을 곤충이나 동물로부터 얻어 생활한다. 식충식물은 전 세계에 700여 종이 있다. 우리나라는 식충식물 통발과와 끈끈이주걱과로 2개과 10여 종 이 서식하고 있으며 그중 대표적인 식물이 끈끈이주걱이다.

끈끈이주걱은 점액질을 분비하는 식물의 특징과 잎의 생김새가 밥주걱 모양이 라서 붙여진 이름이다. 끈끈이귀개과에 속하며 식물구계학적 Ⅳ등급으로 한 아 구에만 분포하는 식물이다. 한국적색목록의 관심대상종(LC)이며 해외로 잎 한 장 반출 못 하는 국외반출 승인대상이다.

끈끈이주걱의 생태적 특징은 벌레잡이통풀목에 속하는 관속식물이다. 숲속 볕이 잘 드는 산성 습지, 늪 주변에서 여러해살이풀로 자란다. 식물의 키는 20cm 정도이다. 잎은 도란형이고 뿌리에서 뭉쳐나 옆으로 퍼진다. 잎 밑부분은 갑자기 좁아져서 잎자루가 되며 주걱처럼 생겼다. 잎 앞면에는 연분홍색과 자주색 긴 털이 빽빽하게 덮여 있다. 이 털을 이용해 벌레를 잡는다.

꽃은 7월에 피는데 흰 꽃이 총상꽃차례에 달리며, 꽃잎은 5장이다. 꽃줄기는 가늘고 길다. 열매는 3개로 갈라진다. 종자는 양 끝에 고리 같은 돌기가 있다. 작은 벌레가 샘털에 닿으면 붙어서 움직이지 못하는데, 이때 잎이 오므라지면서 샘털에서 소화액을 분비해 벌레를 소화한다. 우리나라 전역에 나며, 온대에서 난대에 걸쳐서 자란다.

남도지역에서 만난 끈끈이주걱은 점점 개체수가 감소하고 있다. 그나마 무등산국립공원에선 습기가 마르기 쉬운 바위틈새에 매년 해갈하듯 출현하고 있어 가슴을 쓸어내리곤 한다. 멸종 여부를 확인할 때 이곳에서 사라지면 더 이상 볼 수 없어 늘 걱정이 앞선다.

게다가 2002년 월출산국립공원의 끈끈이주걱은 약 800개체가 서식하고 있었는데, 현재는 10분의 1 정도로 줄어 약 86개체만 남아 있다. 이런 현상은 습지가 점점 숲으로 육화되는 현상이 원인이며, 이는 지난 20년간 기후변화로 지구가 점점 뜨거워지고 있다는 신호이기도 하다. 따라서 기후변화에 민감한 식충식물인 끈끈이주걱과 습지생태계를 꼼꼼히 조사하고 그 해결책을 찾아갈 수 있도록 관심과 사랑을 갖는 것이 그 무엇보다도 중요할 것이다.

3. 습지의 귀한 생명

/

큰방울새란

© 임윤희

습지를 찾아보기 어려울 것 같은 산세가 수려한 월출산국립공원에서 큰방울새란을 만난다. 전혀 예상치 못한 만남이라 반갑고 놀랍기만 하다. 자세히 보니 낮은 저지대 계곡부 주변으로 '습지'가 보인다. 물억새가 대부분을 차지한 가운데 꽃창포, 원추리꽃 사이로 핀 큰방울새란이 하얀 꽃망울을 드러내고 한껏 자태를 뽐낸다.

개체수가 그리 많은 편은 아니지만 습지에서 귀한 생명으로 존재감을 드러내고 있다. 그들에겐 조그마한 습지라도 유전적인 적응력을 확보하면서 살아남는 능력을 발휘할 수 있는 생존 터전인 셈이다. 큰방울새란의 존재와 생태를 알아갈수록 자연의 생명력과 그 포용성에 저절로 경외감이 느껴지며 겸손해진다. 어쩌면 지금 보고 있는 큰방울새란은 이 순간 가장 충만한 삶을 살고 있다고 전해주는 듯하다.

큰방울새란은 꽃모양이 방울새의 부리를 닮아 '큰방울새난초'라고도 한다. 사실 방울새는 참새처럼 조그맣고 노란색 날개를 가진 새이다. 울음소리가 "또로롱, 또로롱" 방울 소리처럼 들린다고 해 붙여진 이름이다. 아무래도 귀엽고 앙증맞은 모습과 방울 소리가 사람들의 마음을 즐겁게 해주는 친근감에서 사용한 것으로 보인다. 여기에 방울새란보다 꽃이 크기 때문에 '큰' 자를 앞에 붙여 큰방울새란이라고 하지 않았나 추정해본다.

큰방울새란과 방울새란의 차이는 꽃이 피는 모양에 있다. 방울새란이 큰방울새란보다 꽃잎이 덜 핀 듯 보인다. 난초과에 속하며 한국적색목록 준위협종(NT)으로 선정하고 있다.

큰방울새란의 생태적 특징은 양지바르고 습한 풀밭에서 자라는 여러해살이풀로 땅 위에서 뿌리를 내리며 자라는 식물이다. 난초식물은 주로 '지생란' 또는 '착생란'으로 나뉜다. '지생'은 땅속으로 뿌리를 내리는 식물을 말하고, 암석 또는 인공물, 또는 다른 식물 위에 고착해 생활하는 식물을 '착생'이라고 한다. 수염뿌리는 노끈 모양, 길게 옆으로 뻗는다. 줄기는 곧추서며, 잎은 줄기 가운데 부분에 한 장이 달리며, 비스듬하게 서서 밑이 좁아져 줄기를 조금 감싼다.

꽃은 5~7월에 피는데 줄기 끝에서 1개씩 달리며, 붉은 보라색, 반쯤 벌어진다. 꽃받침 3장은 꽃잎처럼 보이며, 꽃잎은 꽃받침잎보다 조금 짧다. 입술꽃잎은 꽃받침과 길이가 비슷하고, 3갈래이다. 우리나라 전역에서 자생한다. 방울새란에 비해서 크며, 꽃은 색이 진하고 절반쯤 벌어진다.

🍃 다양한 난초의 종류

　난초과는 25,000종 이상을 포함하는 속씨식물 중 가장 종다양성이 높다. 반면 다른 어떤 식물보다 자연적, 인위적 훼손에 약하며 위협받고 있는 종의 비율이 높다. 이러한 연유로 생물다양성 보전차원에서 희귀 및 위협종의 보전은 각 국가의 부의 상징으로 중요한 국제적 관심사이다. 게다가 기후변화와 같은 환경변화와 인위적 훼손 등에 의해 더 높은 멸종위기에 처한 난초과 식물들은 생육지의 특이성과 까다로운 생태적 특성까지 더해져 그 멸종 또는 절멸 위기 속도가 빠르게 증가하고 있다.

　특히 꽃은 아름답게 피지만 종자가 열리지 않아 자손을 퍼뜨리기 쉽지 않다. 꿈의 파트너인 버섯균을 만나지 않으면 싹도 틔울 수 없다. 설상 만나더라도 한 덩어리로 땅속에서 몇 년 동안 부대껴야 한다.

병아리난초

으름난초

결국 난초과 식물은 버섯균이 뿌리를 감싸거나 뿌리 세포를 뚫어서 뿌리 조직과 한 몸에 속한 것처럼 행동할 때 비로소 싹을 내는 것으로 알려져 있다. 발아 후에도 뿌리의 병 또는 중금속에 대한 저항력을 높여주는 버섯균의 역할은 꾸준히 이루어져야 한다.

이런 이유로 자생지에서 난초식물을 집으로 옮겨 심으면 버섯균과 공생관계가 깨지기 때문에 대부분 죽는다. 게다가 서로 맞아야 한다. 버섯균이라고 모두 공생관계를 맺지 않기 때문이다. 이렇게 까칠한 생태적 특성을 가진 난초과 식물이 우리곁에서 공생하며 살고 있다. 서식지 파괴, 불법채취 등으로 멸종위기에 처하지 않고 가장 충만한 삶을 누리며 살아가기를 소망해본다.

은난초

금새우난초

/

이삭귀개

가을 햇살이 따사로운 날에 아주 작은 홍자색 꽃 벌레잡이 식물인 이삭귀개를 만났다. 꽃이 피지 않으면 존재 자체가 없는 듯 그냥 지나치기가 쉽다. 꽃대에서 드문드문 달린 꽃은 여리고 가늘어서 값비싼 꽃병을 다루듯 마주해야 한다. 그 꽃 마저도 워낙 작아서 이 세상에 있는 듯 없는 듯 존재감이 드러나지 않는다.

꽃이 피지 않으면 땅속줄기에서 1cm 잎이 숟가락 모양으로만 있을 뿐이라서 발견하기조차도 어렵다. 이 귀한 생명을 습지에서 만난다는 것만으로도 두근거리는 일이다.

이삭귀개는 꽃 크기가 귀이개와 비슷해 붙여진 이름이다. '귀개'가 붙은 식물은 땅귀개와 자주땅귀개가 있다. 이들 모두 벌레잡이 식물로 모양과 생태적 특징이 비슷해 사는 곳이 물기가 있는 산속 습지나 계곡 주변에 함께 사는 경우가 많다.

크기가 모두 귀이개 정도로 작은 크기인데 땅 위로 올라오는 줄기는 없고 땅속으로 뻗는 땅속줄기가 있는 것이 특징이다. 이 식물들은 잎이 모두 비슷해 꽃이 펴야 구분할 수 있다. 땅귀개는 노란색으로, 자주땅귀개는 남색으로, 이삭귀개는 밝은 보랏빛(홍자색)으로 핀다. 이 중 자주땅귀개는 더 드물게 발견되어 멸종위기종 2급이고 이삭귀개는 식물구계학적 특정식물 V등급으로 극히 일부 지역에만 분포하고 있다. 한국 적색목록의 관심대상종(LC)으로 해외로 잎 한 장 반출 못 하는 국외반출 승인대상이다.

생태적 특징은 양지바른 습지에서 키 10~30cm쯤 자라는 여러해살이풀로 벌레잡이식물이다. 땅속줄기 는 가는 실처럼 땅속으로 뻗으면서 뿌리에 작은 포충대가

땅귀개 ⓒ임윤희

달린다. 잎은 땅속줄기에서 군데군데 모여 자라고, 녹색이다. 줄기에 붙는 잎은 끝이 뾰족한 창 모양 피침형이며 양 끝이 좁다. 꽃은 8~9월에 피는데 자주색이며 4~10개 다소 드문드문 달린다. 꽃받침은 젖꼭지 모양 돌기가 빽빽이 난다. 꽃잎에는 아랫입술 꽃잎 길이의 2배 정도 되는 꽃뿔이 나 있다. 열매는 둥글고 꽃받침에 싸여 있다. 우리나라 전역에서 서식한다.

자주땅귀개 © 임윤희

　벌레잡이 식물이 벌레를 잡아먹지 않으면 죽지 않을까 생각한다면, 꼭 그런 것은 아니다. 결론부터 말하자면 군이 벌레를 잡아먹지 않아도 살 수 있다. 벌레잡이 식물도 육상식물처럼 잎에 엽록체를 지니고 광합성을 해 양분을 만들기 때문이다. 또 뿌리로는 물과 무기 물질을 흡수한다. 그런데도 벌레를 잡아먹는 이유는 사는 곳이 대부분 양분이 매우 부족한 산지습지이기 때문이다. 산지습지가 식물이 자라는 데 꼭 필요한 '질소'와 '인' 성분이 부족한 곳이기 때문에 양분을 보충하기 위해 벌레를 잡아먹는 것이다.

　이삭귀개를 처음 만난 곳은 월출산국립공원의 도갑습지와 구림습지였다. 이곳은 모두 산지형 습지에 속한다. 대다수가 산 정상 또는 계곡부 주변에 습지가 형성되어 일반적인 강과 같은 넓은 유역이 없다. 그로 인해 충분한 영양분이 공급되지 않는 곳으로 질소와 인의 공급이 매우 제한적이다. 일반적으로 식물이 광합성을 통해 포도당을 생산하려면 물, 이산화탄소, 그리고 햇빛이 필요하다. 그러나 식물이 성장하려면 이런 요소만으로는 부족해 반드시 필수영양소인 질소와 인, 칼륨이 있어야만 한다. 산지습지는 물, 이산화탄소, 햇빛은 언제든 충분하다.

습지에 서식하는 이삭귀개는 현재 구림습지에서만 일부 발견되고 있다.

다만 질소와 인의 공급이 원활하지 않기에 그 대안으로 벌레를 잡아 문제를 해결하며 살아가는 생존전략을 선택한 것이다. 이런 척박한 환경에서도 생활방식이나 몸의 구조를 바꾸고 살아남는 법을 터득한 벌레잡이식물들의 지혜와 노력이 눈물겹다. 어떤 환경에 처하더라도 이를 극복하려는 노력에는 한계가 없다. 포기하지 않고 단지 행동하면 된다고 알려주는 듯하다.

이삭귀개는 자신이 사는 습지가 외부의 영향을 약간만 받아도 생존에 큰 타격을 입는다. 약 20년 전에 월출산국립공원 내 도갑습지에서 이삭귀개가 약 5개체가 발견된 적이 있었다. 이후 육화현상으로 물 흐름이 달라지면서 이제 더 이상 이삭귀개가 나타나지 않고 있고, 구림습지에서만 일부 발견되고 있다. 무등산국립공원의 습지에서도 이삭귀개는 발견되지 않는다. 그나마 다행인 건 이곳 모두 보호지역이라는 점이다.

그러나 마을 또는 도시 인근 저지대의 자생지들은 사람들의 개발압력으로 인해 훼손될 우려가 크다. 습지는 보통 낮은 저지대에 주로 분포해 인위적인 간섭이 높은 곳이기 때문이다. 그 예로 전국 최초 도심하천인 광주광역시 장록습지를 습지보호지역으로 지정하기까지 쉽지 않았던 사례가 있다. 결국 이뤄낸 건 많은 이들의 습지생물다양성 보전에 대한 의지와 노력이 있었기에 가능한 일이었다. 이번 사례를 계기로 전국의 도심하천 중 훼손 위기에 처한 습지들이 습지보호지역으로 추가 지정 되기를 희망해본다.

/

노각나무

　어머니와 함께 더운 여름날 깊은 산중에서 노각나무를 만났다. 깊은 산속에서 대체 딸이 무슨 일을 하고 다니는지 궁금하던 차에 함께 가고 싶다고 하셨다. 말릴 사이도 없이 머리에 빨간 두건을 두르고 나무 지팡이를 챙기셨다. 어부의 아내로 수십 년을 살며 안 해본 일이 없다시며 체력은 염려하지 말라고 거듭 말씀하셨다. 바다와 산은 차원이 다르다고 여러 번 말씀드렸지만, 어머니의 강한 의지 앞에서는 소용없었다. 그렇게 그날 우리는 하얀 꽃이 흐드러지게 떨어지는 노각나무의 아름다움을 배경으로 사진을 찍고 추억을 남겼다.

　그날 어머니는 내가 왜 이런 깊은 산중에서 노각나무를 관찰하고 연구하는지도 알게 되셨다. 어머니는 오랫동안 공부해서 편안히 살아가라 했더니 이렇게 힘들게 고생하며 일하는 줄 몰랐다며 걱정 어린 말씀을 내게 하셨다. 어머니의 안타까운 염려에 "꽃을 보면서 사는 인생, 세상에서 나만큼 즐겁고 재미나게 사는 사람 있으면 나와봐"라며 어머니에게 미소를 건넸다. "너 좋아하는 일이라 엄마도 말릴 생각은 없지만, 항상 조심해야 한다"라며 거듭 안전을 당부하셨다. 그날 이후로 수피가 아름다운 노각나무를 보면 난 엄마의 말씀이 자꾸 생각나곤 한다.

노각나무는 사슴 뿔처럼 보드랍고 황금빛을 가진 아름다운 수피를 지니고 있어서 붙여진 이름이다. 원래는 '녹각나무'라고 하다가 발음이 쉬운 노각나무로 자연스럽게 바뀌었다. 수피는 홍황색 얼룩무늬가 선명하고 표면이 매끄러운 특징이 있어 '비단나무' 또는 '금수목(錦繡木)'이라고도 부른다. 차나무과에 속하며 식물구계학적 특정식물 Ⅲ등급으로 총 2개의 아구에 분포하는 식물이다. 게다가 우리나라의 고유종이며, 해외로 잎 한 장 반출 못 하는 국외반출 승인대상이다.

노각나무의 생태적 특징은 산지에 자라는 낙엽활엽 교목으로 줄기는 높이 10~15m이다. 줄기의 껍질은 조각조각 벗겨져서 얼룩무늬가 생긴다. 잎은 어긋나며, 타원형으로 길이 3~10cm이다. 잎 앞면은 진한 녹색으로 윤이 나고, 뒷면은 노란빛이 돈다. 꽃은 6~7월에 새 가지의 잎겨드랑이에서 1개씩 피며, 흰색이다. 꽃잎은 도란형으로 5~6장이고, 가장자리는 약간 물결형이다. 꽃받침은 5장이며 열매는 10월에 익는다.

노각나무는 남도에서만 사는 우리나라 특산식물 또는 고유종이다. 고유종이란 지리적으로 한정된 지역에만 자연적으로 생육·서식하는 생물분류군을 의미한다. 우리나라의 고유생물종은 우리나라의 주권이 미치는 영토를 포괄적으로 적용하는

노각나무 수피   노각나무 잎과 꽃

지리적 개념에서 대한민국 영내에서만 자연적으로 서식하는 모든 생물분류군으로 정의하고 있다. 따라서 고유종은 장차 국가 고유의 생물 주권 확립의 핵심요소로써 우선적 보호 및 관리대상이며 이에 대한 명확한 분류학적 실체 및 동태를 파악하는 것이 필요하다. 게다가 고유종의 구체적인 자료를 구축하는 것은 대외적으로 이들 생물종의 주권국임을 공식적으로 선언하는 것이다. 이러한 내용으로 제정하고 채택한 것이 1992년 브라질 리우데자네이루에서 발효된 「생물다양성협약」이다. 이 협약은 자국에 서식하는 생물자원에 대한 주권적 권리를 인정하고 가입국 생물종의 자세한 목록 및 주기적인 감시체계를 의무화하고 있다.

이처럼 외국에 없는 남도에서만 사는 고유종인 노각나무를 포함해 자란초, 어리병풍, 구상나무 등 고유종을 보전하고 자생지(보호지역)를 지켜내는 지속적인 모니터링과 이를 보전하고자 하는 우리의 관심과 참여가 절실히 필요하다.

/

석창포

폭설이 내리는 겨울날 계곡에서 푸른 잎의 석창포를 만났다. 물 흐름이 조금만 강해도 떠내려갈 듯 위태롭지만 오히려 씨앗을 퍼뜨리기엔 이만한 환경이 없다는 것을 석창포는 이미 알고 있었을 것이다. 물 따라 바람 따라 종자가 싹을 틔울 수 있는 깨끗한 계곡물이 흐르는 환경조건이라면 상류에서 하류까지 원 없이 떠내려 간다. 물 흐름에 최대한 방해되지 않도록 로제트식물처럼 납작 자세를 낮춘다. 때론 여름날 장맛비가 쏟아져 식물체가 흔들리면서도 돌이나 바위틈새에 더 강하게 뿌리를 내리고 꽃을 피운다. 월출산국립공원, 무등산국립공원, 내장산국립공원의 깨끗한 계곡습지에서 만난 석창포의 강인한 생명력 앞에 고개가 절로 숙연해진다. 수천 번 계곡 물살에 흔들리면서 피는 꽃, 석창포를 두고 하는 말이다.

석창포는 계곡이나 시냇가 돌 틈에 뿌리를 내리고 살고 있어 붙여진 이름이다. '돌창포' 또는 '수창포'라고 부른다. 석창포보다 훨씬 큰 창포는 오월 단오에 머리를 감던 식물이다. 창포의 꽃이삭은 굵고 짧지만, 석창포의 꽃이삭은 가늘고 좀 더 긴 것이 다른 점이다. 식물구계학적 특정식물 Ⅱ등급으로 모든 식물 아구에 분포하지만, 일부 산지에 나타나는 특성을 가진다. 천남성과에 속하며 해외로 잎 한 장 반출 못 하는 국외반출 승인대상이다.

석창포의 생태적 특징은 산골짜기 바위틈이나 냇가의 습한 곳에서 자라는 상록성 여러해살이풀이다. 뿌리줄기는 옆으로 뻗으며, 마디가 많고 밑에서 수염뿌리를 낸다. 잎은 모여 나며, 끝은 뾰족하고, 가운데 잎맥은 뚜렷하지 않다. 꽃은 6~7월에 피는데 녹색이 도는 노란색, 꽃줄기 끝에 달린다. 열매는 장과, 녹색이며, 7~8월에 익는다. 우리나라 경기도, 전라남도, 경상남도, 제주도 등지에 분포한다.

석창포 꽃

최근 지구온난화 현상으로 기후가 따뜻해져서 자생지가 경기도까지 분포하는 것으로 나타났다. 워낙 추위에 약해서 우리나라 중부지방까지 봄~가을은 견딜 수 있지만, 혹독한 겨울, 계곡물이 얼어버린 곳에서 살아나기가 쉽지 않다. 게다가 수질이 양호하고 깨끗한 계곡에서만 사는 석창포는 예부터 약용식물로 인기가 많은 식물이다.

이런 이유로 불법 채취에 늘 노출되기 쉽고, 사람들의 인위적인 간섭이 심해 국립공원을 제외하고는 자생지가 점점 사라지는 추세다. 생물다양성 차원에서 종 다양성과 함께 생태계 다양성은 매우 중요하다. 계곡 습지의 자생지 보전 및 지속적인 관리는 생태계 다양성을 증진하는 지름길이 될 것이다.

7. 자연의 회복력

/

석곡

깊은 숲속 기암절벽이 아름다운 곳에 사는 석곡을 만난다. 온갖 바위 봉우리가 제멋대로 솟아 기괴한 형상을 한 곳이라 가는 마음이 걱정 반, 설렘 반이다. 안내하는 이도 찾아가기는 길이 쉽지 않아 헤매기는 마찬가지다. 어렵사리 만난 석곡은 쳐다보기도 어려울 정도로 가파른 기암절벽 중간 틈새에서 자라고 있다.

포기 수는 2~3개체로 줄기가 많은 편은 아니지만, 남사면에 자리 잡아 자생하는 것 자체가 신기할 따름이다. 워낙 높은 곳에 있어 암벽을 타고 내려가거나 드론을 띄워 확인하는 방법밖에 없다. 이마저도 기암절벽 주변이 숲으로 둘러싸여 멀리서 확인 여부만 판단할 수 있다. 결국 암벽을 타고 내려가서야 포기와 줄기를 확인할 수 있다. 온갖 노력을 다한 끝에 자생지에서 멸종위기식물인 석곡을 확인하는 것은 꽤 의미 있는 일이다. 아무리 척박한 환경이라도 그곳에서 뿌리내리며 살아가는 생명들의 자연 회복 능력은 신비롭고 놀랍기만 하다.

석곡은 바위틈에 뿌리를 내리고 산다고 해서 붙여진 이름이다. 일명 '석란'이라고도 부른다. 다른 지역에서는 줄기에 있는 마디들이 대나무와 비슷해 '죽란'이라고 부른다. 난초과에 속하며 식물구계학적 특정식물 Ⅴ등급으로 극히 일부 지역에만 분포하거나 희귀한 지역에만 분포하는 특성이 있는 식물이다. 한국적색목록의 위기종(EN)이며, 멸종위기식물 Ⅱ급이다.

생태적 특징은 상록성 여러해살이풀이며 바위나 나무에 붙어사는 착생식물이다. 우리나라 제주도와 전라도 일대에 자생한다. 잎은 2~3년 살며, 잎이 떨어진 다음 3년째에 흰색 또는 연한 분홍색 꽃이 핀다. 뿌리줄기는 짧고, 많은 뿌리가 나온다. 줄기는 녹갈색이며, 높이 10~30cm이다. 잎은 2~3년 살며, 어긋나고, 짙은 녹색,

윤기가 있다. 꽃은 2년 전에 나온 줄기 끝에 1~2개씩 달리며, 흰색 또는 연한 홍색, 향기가 좋다. 바위나 나무에 붙어서 살아간다.

월출산국립공원에는 현재 확인된 석곡 자생지가 2개소 존재한다. 1개소는 매년 관찰 조사하고 있는 자생지로 꽤 상태가 양호하다. 물론 주변에 뱀도 많고 조릿대 군락이 우거진 깊은 숲이기 때문에 접근이 쉽지 않다. 그런데도 1포기에서 새로 나온 여러 줄기의 새잎을 만났을 때는 무척 반갑고 기쁘다. 한때는 그 일대가 석곡이 잘 자랄 수 있는 환경 여건이라 판단하고 3개소 이상 복원을 시도했지만 대부분 죽었다. 그만큼 멸종위기식물을 자생지 외 주변에 인위적으로 복원한다는 것은 쉽지 않다. 석곡이 살만한 비슷한 환경을 찾아 졸참나무 줄기나 바위 또는 절벽 틈새에 이식했지만, 매년 시들시들 고사하는 모습을 보면 안타까운 마음이 든다. 거듭 말하지만 한 번 훼손되면 다시 원상태로 되돌리는 데 드는 비용과 시간이 2배 이상이다.

멸종위기식물이 사라지는 이유는 약용식물 이용 또는 사람들의 욕심에 의한 불법 채취가 주원인이다. 특히 석곡은 줄기 모양이 대나무처럼 마디가 있고 꽃의 향기가 좋아 무분별하게 뽑아가거나 꺾어가기 때문에 멸종위기를 맞고 있다. 「야생생물보호 및 관리에 관한 법률」에 따르면 멸종위기 야생생물을 포획 또는 채취, 훼손하거나 죽인 자는 Ⅰ급의 경우 5년 이하의 징역 또는 5백만 원 이상 5천만 원 이하의 벌금을, Ⅱ급은 3년 이하의 징역 또는 3백만 원 이상 3천만 원 이하의 벌금에 처한다고 규정하고 있다. 그러나 강한 규제와 처벌만으로는 이를 해결할 수가 없다. 지구를 구한다는 거대한 꿈은 아닐지라도 사라지는 생명에 대한 작은 공감과 관심이라면 충분할 것이다.

8. 천리길도 한 걸음부터

/

백운산원추리

© 임윤희

무더운 여름날이면 월출산국립공원 천황봉으로 가는 길에는 노란 백운산원추리 꽃이 핀다. 바위암벽 조그마한 틈새에서 얇은 토양을 토대로 이끼와 쇠물푸레나무를 친구삼아 강인한 생명력으로 피어난다. 자욱한 안개와 기암괴석의 탁 트인 경관 앞에서 도도하게 핀 백운산원추리의 아름다운 자태에 넋을 놓는다. 천황봉으로 가는 탐방로 입구부터 길이 워낙 급경사라 단숨에 갈 수 없으니 가빠지는 호흡에 천천히 한 걸음씩 걸으면 어느샌가 시선을 사로잡는다.

　백운산원추리는 일본 식물학자 '나카이 다케노신(中井猛之進, 1882~1952)'이 1943년 전남 백운산에서 찾아 학명 *Hemerocallis hakuunensis*'라고 해서 붙여진 이름이다. 한반도에는 원추리속에 백운산원추리를 포함해 10개의 분류군이 있으며 골잎원추리, 각시원추리, 애기원추리, 홍도원추리, 태안원추리, 노랑원추리, 원추리, 왕원추리, 큰원추리가 있다. 골잎원추리, 각시원추리, 애기원추리는 북부 지역에 분포하며, 홍도원추리는 홍도, 흑산도 등 남도 섬 지역, 태안원추리는 태안반도 주변에, 노랑원추리는 서남해안 지역에 분포하고 있다. 우리 주변에 원예식물로 재배하는 것이 원추리이고 원추리꽃을 개량한 겹꽃 왕원추리가 있다. 백운산원추리는 야생에서 흔히 볼 수 있는 우리나라의 고유종이며, 해외로 잎 한 장 반출 못 하는 국외반출 승인대상이다.

　생태적 특징은 산지 숲 가장자리나 햇볕이 잘 드는 풀밭에 자라는 여러해살이풀이다. 땅속으로 뻗는 뿌리줄기는 없으며 뿌리 끝부분이 많이 부풀어 있다. 잎은 선형이고 잎끝은 뾰족하다. 꽃은 주황색이며, 6월 중순부터 7월 말까지 피는데 개화시간이 길어서 아침부터 오후 늦게까지 핀다. 꽃은 3~14개가 꽃차례에 달린다.

꽃에 향기가 없으며 나팔꽃처럼 낮에 핀다. 꽃잎은 오렌지색을 띠고 꽃밥은 갈색이다. 꽃자루가 깊게 가지치고, 꽃싸개잎들이 흩어져 있다. 반면 큰원추리는 꽃과 꽃싸개잎들이 밀집해 차이가 난다. 열매는 삭과, 3갈래의 능선으로 갈라지고 종자는 광택이 있고 검은색으로 익는다.

백운산원추리, 섬벚나무, 금강초롱꽃 등 우리에게 친근하고 우리나라의 고유종이지만 발견자는 일본 식물학자 '나카이 다케노신'이다. 그는 일제강점기에 한반도의 식물 신종 500종 이상 발견해 자신의 이름을 붙였다. 우리나라 식물 분류학이 태동도 하지 않았던 시절이라 우리 고유종임에도 대부분 일본 명칭이나 이름이 들어간 이유이다. 이외에도 섬벚나무는 독도가 아닌 다케시마, 금강초롱꽃은 조선총독부 하나부사 공사관의 이름이 들어가 일제강점기 시절 슬픈 역사의 흔적이 짙게 남아 있다.

이런 이름이 왜 계속 사용되는 것일까? 전 세계에는 다양한 기후 지역이 있다. 그에 따라 수많은 종류의 식물이 분포하고 있다. 각 지역에는 이들만이 공통적으로 사용하고 있는 식물의 이름이 있는데 '보통명' 또는 '향명'이라 한다. 이는 지역이 다르거나 특히 사용하는 언어가 다르면 전혀 이해할 수 없거나 의사소통에 많은 문제가 있다. 따라서 이러한 불편을 없애기 위해 전 세계적으로 사용할 수 있는 이름이 바로 '학명'이다.

모든 식물의 학명은 전 세계 식물학자들이 합의해 만든 '국제식물명명규약 (International Code of Botanical Nomenclature, ICBN)'에 따라야 한다. 최초로 종명을 발표할 때 사용한 표본을 '모식표본'이라 하고, 속명을 기초로 사용된 종을 '기준표본'이라 한다. 식물에 이름을 붙이는 명명은 6가지 기본원칙을 따른다. 그중 분류군 학명은 선취권에 따른다는 항목이 있다. 다시 말해 식물 이름은 특허와 같이 아무리 억울한 일이 있더라도 최초에 붙인 이름을 우선해서 불러야 한다는 것이다.

또한 모든 식물종은 오직 하나의 이름만을 가져야 하고, '라틴어'로 표기해야 한다. 현재 라틴어는 통용하지 않는 언어이기에 시간이 지나도 후세대들까지 변형될 가능성이 작아 학명으로 사용한다. 국제적인 학명을 개명하기는 쉽지는 않겠지만, 식물들에 대한 학명과 유래, 역사를 아는 것만으로도 우리나라 고유종을 보전하는데 첫걸음을 내딛는 길이라고 할 수 있을 것이다. 지금부터라도 시작해보자.

9. 용감한 돈키호테처럼

소사나무

월출산국립공원의 미왕재에서 소사나무군락을 만났다. 햇살에 회갈색 수피가 반짝거려서 다른 나무보다도 더 아름답고 눈부시다. 반질거리는 녹색잎은 바람이 지나칠 때마다 바스락거리는 소리가 유별나게 크다. 나무줄기는 바람 따라 잘 휘어져 있어 볼수록 곡선미가 예술이다. 행여 바람이 강해서 쓰러져도 맹아력이 왕성해 곧바로 작은 줄기로 대처한다. 그 숲에 들어가 소사나무가 건네는 자연의 숨결을 한껏 받아들이면 엄마 품에 안긴 듯 포근한 느낌이 든다.

이렇듯 소사나무는 모든 생명체에게 아낌없이 주는 나무이다. 바람 많고 건조한 능선에서 수많은 생명을 품어주고 있기 때문이다. 숲속 이곳저곳에 개미굴, 너구리굴 등 야생동물들 흔적도 보인다. 비바람과 눈보라에 맞서 강인한 생명력으로 생명의 은신처, 서식처 역할을 하는 소사나무를 보면 마치 용감무쌍한 돈키호테가 떠오르곤 한다. 가지가 꺾여도 다시 새가지가 나와 끈질긴 생명력으로 이어가는 소사나무의 무모한 도전과 용기가 돈키호테의 모습과 닮았다고나 할까?

소사나무는 서어나무보다 작다는 뜻으로 '소서목'이 소서나무로 바뀌어 지어진 이름이다. '산서어나무'라고도 부르며 맹아력이 좋아서 분재로도 인기가 많다. 서어나무에 비해 잎이 작고 잎끝이 길지 않은 것이 차이점이다. 자작나무과에 속하며 IUCN 세계적색목록 5등급 약관심종(The Red list of Vascular Plants in Korea, 2018)으로 평가하는 기후변화의 대표 식물종이다.

소사나무의 생태적 특징은 경기도 해안과 남쪽 섬에서 높이 3~10m 정도로 자라는 낙엽활엽 떨기나무 또는 작은큰키나무이다. 어린가지는 적갈색을 띤다. 어굿나게 달리는 잎은 난형으로 끝이 뾰족하고 가장자리에 겹톱니가 있다. 10~12쌍의 측맥이 있고 잎 뒷면 맥 위에 털이 조밀하게 난다. 암수한그루로 4~5월 잎보다 먼저 꽃이 피는데 수꽃이삭은 촘촘히 아래로 늘어지며 암꽃이삭은 포에 싸여 달린다. 열매이삭은 8~10월에 익는다. 열매싸개는 보통 2~8개로 가장자리에 뾰족한 톱니가 불규칙하게 나 있다. 우리나라 강원도 일부 내륙 및 서·남해안과 월출산국립공원 무위사-미왕재구간에 자생한다.

특히 무위사에서 미왕재에 이르는 이 구간은 소사나무가 대규모로 분포하고 있어 월출산국립공원이 무위사 특별보호구역으로 지정·관리하는 곳이다. 주로 저지대는 붉가시나무군락, 참식나무군락, 동백나무군락 등 상록활엽수림이 넓게 분포하고 있으며, 능선부는 졸참나무군락과 소사나무군락도 대규모로 자생하고 있다. 특히 이 지역은 훼손 면적이 넓은 탐방로 2km 구간으로 약 10년간(2012~2021) 소사나무숲을 보호하기 위해 출입을 제한하고 있었다. 2021년 하반기에 특별보호구역 해제 여부를 놓고 갈등이 있었으나 향후 5년간 더 보전하는 것으로 일단락됐다.

이런 결정에 이르기까지는 무수히 많은 현장 조사와 논의 과정이 있었다. 우선 소사나무군락지가 지닌 생태적 가치의 중요성을 밝히기 위해 현장에서 정밀식생 조사를 실시했다. 그 결과 미왕재 소사나무군락은 식피율 50~60%로 교목층의 평균흉고직경 10cm, 평균수고 6m의 대규모 군락지로 치수가 지속적으로 올라오는 등 식생 생육환경이 양호하게 회복 중인 것으로 나타났다. 게다가 소사나무군락지는 무위사-미왕재 구간 탐방로 주변 일대에서 바람이 심한 미왕재 급경사지의 능선부와 동서사면으로 넓게 형성해 있는 것으로 파악됐다. 비록 졸참나무와 경쟁

관계에 있지만, 앞으로 세력이 더 넓게 나타나 원시림으로 갈 것이다.

소사나무는 해안이나 섬 지역에서 주로 분포하는 것이 특징이다. 내륙지역인 월출산국립공원 미왕재 일대의 군락지는 매우 특이한 식생 경관을 자랑한다. 이는 난온대 기후대의 북방한계지역인 월출산국립공원 내 참식나무, 붉가시나무군락지와 함께 보호가치가 높은 곳이다. 특히 기후변화에 따른 식생변화를 파악할 수 있는 주연부(에코톤) 식생군락으로도 자연생태 연구가치가 매우 높다. 이처럼 미왕재 소사나무군락지는 기후변화에 대응하는 생물다양성 증진과 탄소중립 실현을 위해 향후 5년이 지나더라도 지속적으로 특별보호구역으로 지정·유지해 출입을 제한할 필요가 있다.

이렇듯 생태계 보전과 자연적 치유를 위해선 인간의 간섭을 최대한 배제하는 것이 좋다. 용감한 돈키호테처럼 소사나무의 강인한 생명력이 기후위기시대에 진정한 영웅으로 거듭날 수 있도록 자연에게 그 역할을 맡겨두자. 그저 누군가에게는 귀찮고 녹색덩어리로 보일 수 있겠지만, 분명 저 소사나무도 소명을 갖고, 창의적이고 다채로운 생존전략을 구사하면서 누구 못지않게 치열하게 살아가고 있다. 우리의 역할은 그저 지켜보고 공감해주며, 무엇보다 자연을 훼손하는 행동을 지양해야 한다.

월출산국립공원 소사나무 군락

/

붉가시나무

숱한 상처를 이겨내며 새싹이 돋아난다. 가을이 오면 월출산국립공원은 온통 도토리세상이다. 숲길을 걷노라면 둥글고, 뾰족하고, 길쭉하고, 각기 모양이 제각각인 도토리를 만난다. 이 중 눈에 띌 정도로 반질거리는 꼭지 달린 종자와 이를 감싸고 있는 깍지는 목성처럼 동심원의 띠를 겹으로 두르고 있다. 참나무과 나무처럼 도토리 모양으로 생겼지만, 깍지가 원형의 테두리를 두른 상록활엽수림 붉가시나무의 열매이다.

이곳저곳 다람쥐들이 도토리 숲에 소풍을 나온 듯 분주하다. 마치 보물찾기라도 하듯 숨겨진 도토리를 찾아 한입 가득 물고 힐끔 쳐다보더니 이내 숲속으로 사라진다. 이처럼 상처받은 도토리는 결국 새싹이 나와 또 다른 붉가시나무 숲을 이룬다. 걷는 내내 도토리에서 붉가시나무숲으로 변하는 천이 과정을 미리 상상하니 내 마음이 풍요로워진다.

붉가시나무는 나무껍질 안쪽의 목재가 붉은색이라 붙여진 이름이다. 식물 이름 기본종의 특징을 구체적으로 나타내기 위해 접두어와 접미어를 주로 사용한다. 식물 이름에 접두어와 접미어를 사용하면 식물이 지닌 구체적인 특징을 파악하기가 수월하기 때문이다. 나무의 잎, 열매, 꽃, 줄기 등의 색을 나타내는 말, 나무 자생지를 나타내는 말, 사실 여부나 품질을 나타내는 말, 나무 크기나 형태를 나타내는 말 등으로 구분할 수 있다.

이 중 나무의 잎, 열매, 꽃, 줄기 등의 색을 나타낸 말로 '붉'을 사용한 경우는 잎, 목재 등 식물체의 특정 부위가 붉은 데서 유래한다. 예로 붉가시나무를 포함해 붉나무가 있다. 붉가시나무는 식물구계학적 특정식물 Ⅰ등급으로 3개의 아구에 걸쳐 분포하는 식물이다.

붉가시나무의 생태적 특징은 양지바른 산기슭과 계곡에 나는 상록활엽교목으로 높이는 20m 정도로 자란다. 나무껍질은 푸른빛이 도는 회색이고 어린가지엔 갈색 털이 빽빽하다. 잎은 어긋나며 긴 타원형이다. 잎끝은 점차 뾰족해지거나 둥글고, 잎밑은 둥글거나 뾰족하다. 잎 가장자리는 밋밋하지만, 윗부분에 톱니가 약간 있는 것도 있다. 잎 표면은 녹색, 뒷면은 황록색인데 어릴 때는 갈색 솜털로 덮여 있다가 없어진다. 꽃은 암수 한몸으로 5월에 피고, 새가지 밑부분에 달리며 갈색 털이 있다. 열매는 견과로 타원형이며, 깍지는 5~6개의 동심원층이 있는 반구형이다. 이듬해 9~10월에 성숙한다.

붉가시나무는 우리나라의 난대림을 구성하는 대표적인 상록활엽수로서 완도 본섬에서 가장 넓게 분포(1779a)하고 있으며, 제주도를 비롯한 남서해 도서지방 그리고 남쪽 해안을 따라 분포한다. 내륙지역 붉가시나무의 분포는 전남 함평군 대동면이 붉가시나무의 자생북한지대로 식물 분포상 보존가치가 인정되어 천연기념물 제110호로 지정해 보호하고 있다.

특이한 점은 월출산국립공원에서도 이 붉가시나무가 식물군락을 이루고 있다는 것이다. 붉가시나무의 분포는 무위사지구와 도갑사지구에서만 확인할 수 있다. 무위사지구에서는 해발 150~350m의 북사면에서 군도(군집 내에서 각 종이 생육하는 집합 정도를 5등급으로 구분, 숫자가 높을수록 모여 있는 형태) 1~2등급으로 교목층인 붉가시나무의 최대 수고는 16m, 흉고직경 34cm까지 분포하고 있다. 대부분 잔가지가 자라서 숲이 된 2차림으로서 다간상의 특징으로 나타났다. 도갑사지구에서는 해발 120~200m의 동사면에서 군도 1~3등급으로 아교목층 이하에 분포했으며 최

대 수고 12m, 흉고직경 15cm까지 분포했다. 도갑사
지구도 무위사지구와 동일하게 대부분 2차림으
로 다간상의 특징을 보여주고 있다.

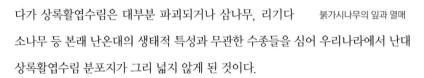

이런 분포를 보이는 이유는 과거에 행해진
산림벌채, 연료림의 채취 등 인위적 간섭으로
이미 훼손이 한번 진행되어서다. 이후 잔가지가
자라서 현재의 붉가시나무 숲으로 변한 것이다. 게
다가 상록활엽수림은 대부분 파괴되거나 삼나무, 리기다   붉가시나무의 잎과 열매
소나무 등 본래 난온대의 생태적 특성과 무관한 수종들을 심어 우리나라에서 난대
상록활엽수림 분포지가 그리 넓지 않게 된 것이다.

최근 지구온난화로 한반도 기후가 변화함으로써 붉가시나무군락이 포함된 난온
대 상록활엽수림대의 생육한계선이 북상하고 분포지역이 크게 확장되고 있다. 월
출산국립공원은 식물구계상 난대식물의 북방한계선상에 위치하고 있어 학술적,
생태적으로 매우 큰 의미가 있다. 월출산국립공원 내 상록활엽수림의 전체적인 분
포 패턴과 분포 한계고도 등 상록활엽수림대의 학술연구와 지속적인 모니터링이
필요하다. 이는 기후변화 대응을 위한 생물다양성을 증진하는 방안을 제시하고 국
토자원관리의 지름길이 될 것이다.

낙엽활엽수와 상록활엽수

　참나무과에 속하는 나무는 낙엽활엽수와 상록활엽수로 구분한다. 낙엽활엽수는 겨울에 잎이 떨어지는 반면, 상록활엽수는 겨울에도 잎이 지지 않고 녹색으로 남아있다.

　이 중 붉가시나무를 포함해 개가시나무, 종가시나무, 가시나무, 참가시나무, 졸가시나무 등은 상록활엽수이다. 붉가시나무는 잎의 가장자리의 톱니가 없고 개가시나무는 멸종위기식물로 잎 뒷면이 누런 털이 덮여 있다. 또한 종가시나무는 잎이 두툼하고, 참가시나무는 뒷면이 분백색이고, 졸가시나무는 잎이 가장 작고 둥글다. 이들 모두 남도 지역에서 도토리나무로 부른다.

낙엽활엽수-너도밤나무

상록활엽수-졸가시나무

월출산국립공원 낙엽활엽수림

고흥군 신금리 상록활엽수림

4장

다도해해상국립공원

들어가며

/

다도해해상국립공원

전라남도 신안군 홍도에서 여수시 돌산도에 이르는 크고 작은 섬들을 아우르는 바닷길을 따로 구분해 1981년 12월 23일에 14번째인 다도해해상국립공원으로 지정했다. 면적은 2,266.221㎢(육지 291.023㎢, 해상 1,975.198㎢)에 달한다. 면적만큼은 우리나라 국립공원 중 가장 넓다. 이 공원 안에만 400여 개의 섬이 있으며, 구역에 따라 8개 지구(흑산/홍도 지구, 비금/도초 지구, 조도 지구, 소안/청산 지구, 거문/백도 지구, 나로도 지구, 금오도 지구, 팔영산 지구)로 구분해 놓았다.

따뜻한 해양성 기후 영향으로 과거 화산활동으로 형성된 섬과 기암괴석들은 그 독특한 아름다움으로 보존의 가치가 높다. 다도해해상국립공원에서 지질 특성을 관찰할 수 있는 지질명소는 거문도 물넘이목, 흑산도 등이 있다. 또한 이곳은 한반도 해안지형 중 하나인 해식애의 특징을 잘 관찰할 수 있는 장소이기도 하다.

다도해해상국립공원은 우리나라 최대의 상록활엽수림 분포지역으로 나로도, 완도, 보길도, 홍도, 거문도 등 도서 지역에 상록활엽수림의 원형이 보존되어 있다. 난온대기후대 상록활엽수림은 벌채, 하목, 관상식물의 채취, 염소 등의 방목 기반시설 개발 등 1900년대 이후 심하게 훼손됐으며 인간의 접근이 어려운 일부 섬이나 내륙지역과 마을 주민들이 보호해 온 곳에서 상록활엽수림이 소집단으로 잔존하고 있다. 우리나라 난온대림은 국가적인 생물유전자원, 생태관광자원 등으로 가치가 재평가되고 있으며, 난온대 상록활엽수림의 분포나 생태적 특성에 관한 연구와 함께 최근 훼손된 상록활엽수림의 복원 등 사회적 관심이 커지고 있다.

/

다정큼나무

바닷바람을 가르며 배를 타고 흑산도에서 영산도를 가는 내내 향긋한 꽃향기가 바람 따라 강하게 풍겨온다. 저 멀리 기암괴석에 옹기종기 모여 하얀 꽃을 피워내는 향기이다. 바야흐로 다정큼나무의 세상이다. 광택이 나는 두꺼운 잎은 상록성이라 한겨울에도 빛이 나지만 열매는 오로지 종자번식을 위한 인내를 감내하는 듯 흑자색으로 드러나지 않는다. 큰키나무가 아니라서 세찬 바람에도 넘어지지 않고 군락 속에서 자라 한 치의 흔들림도 없다. 바위 절벽이 아닌 상록활엽수림에서 붉가시나무, 구실잣밤나무, 후박나무 등 큰키나무를 부러워하지 않고 작은키나무로서 제 역할을 하며 공생하는 숲을 이룬다. 기암괴석 세찬 바람 앞에서 서로 뭉치고 숲속 큰키나무와 조화롭게 자라는 다정큼나무가 이름처럼 더욱 다정하게 느껴진다.

다정큼나무는 '다정'과 '큼'을 합쳐서 '다정하게 크는 나무'라는 의미로 지은 이름이다. 한 줄기에서 오밀조밀하게 꽃을 피우다 열매가 달리는 모습이 서로 다정하고 친밀하게 보였나 보다. 정이 많은 우리나라 민족 정서를 나무에 투사해 붙인 이름으로 일명 '쪽나무'라고도 불렀다. 나무줄기를 쪽빛을 내는 염색재로 사용했기 때문이다. 장미과에 속하며 식물구계학적 특정식물 Ⅱ등급으로 모든 식물 아구에 분포하지만 주로 일부 고립된 지역 또는 고산지대에 사는 식물이다. 특히 이 식물은 국가기후변화 지표종으로 해외로 잎 한 장 반출 못 하는 국외반출 승인대상이기도 하다.

다정큼나무 잎

다정큼나무의 생태적 특징은 장미목 장미과에 속하는 관속식물이다. 남쪽 해안가에 자라는 상록 떨기나무로 높이는 2~4m에 이른다. 잎은 어긋나게 달리지만 가지 끝에 모여 난 것처럼 보인다. 잎은 장타원형 또는 도란형이며 잎 가장자리에 톱니가 없거나 약간 있다. 꽃은 흰색으로 가지 끝에서 길이 5~15cm로 달린다. 열매는 둥근 이과로 검게 익는다. 제주도, 전라남도, 경상남도 해안 지역에 나며 일본, 타이완에도 분포한다.

다정큼나무는 상록활엽수림에서 대표적인 국가기후변화 지표종이다. 기후변화 지표종은 생물이 기후변화로 계절에 따라 분포지역, 개체군 크기 변화 등이 뚜렷하거나 뚜렷할 것으로 예상해 이를 지표화한 후 정부에서 지속적으로 조사하고 관리가 필요한 생물을 말한다. 국가기후변화 지표종은 총 100종에 후보 30종을 지정·관리하고 있다. 그중 식물이 39종으로 가장 많은 종수이고, 다정큼나무도 이에 포함되어 있다.

만약 온실가스를 지금처럼 배출해 지구의 온난화가 지속된다면 다정큼나무는 전국에서 자생으로도 볼 수 있다. 식물의 북방한계 및 분포패턴이 북상하고 자생지가 바뀌는 등 기후변화 영향을 피할 수 없기 때문이다. 다정큼나무를 포함해 동백나무, 보리밥나무, 사스레피나무, 송악, 후박나무, 참식나무, 돈나무, 멀꿀 등 상록활엽수 13종은 온실가스를 지금과 같은 수준으로 배출하는 경우 분포범위가 내륙을 제외한 전국에 생육할 것이라는 결과가 학계에 보고된 바 있다.

생명은 그 자체로 존중받아야 한다. 아직은 낯설기도 한 생물다양성의 문제가 기후변화와 함께 우리 곁으로 서서히 다가오고 있다. 국가기후변화 지표종의 생태계 변화를 예측하고 감시하는 지속적인 관찰 연구와 이를 보전하고자 하는 의지를 갖고 실천하는 사람들이 많아지기를 소원해본다.

2. 빼앗긴 봄

흑산도비비추

짧아진 봄이 훌쩍 지나고 성큼 여름이 다가온다. 이 계절에는 흑산도와 영산도, 장도에 흑산도비비추가 꽃대를 높이 올리느라 무척 애를 쓴다. 게다가 보랏빛 작은 나팔꽃이 차례대로 피어나 벌과 나비에게 손짓하며 유혹하고 있다. 반짝거리는 녹색 잎은 손바닥 크기만 해서 싱그럽고 탐스럽다. 바닷바람이 불어오자 이곳저곳에 보랏빛 물결이 일렁이고 꽃향기가 그윽하다. 누구라도 보랏빛 꽃에 탐스러운 녹색 잎을 들여다보면 저절로 입가에 기분 좋은 미소가 지어진다. 그저 온종일 꽃숲에서 놀아도 지치지 않을 만큼 몸과 마음이 상쾌하고 충만해지는 듯하다.

흑산도비비추는 흑산도와 홍도에 자생하는 비비추라고 해서 붙인 이름이다. 인터넷을 살펴보니 기본종 비비추는 잎이 꼬여서 '비비' 어린잎을 먹을 수 있어 거기에 '취'가 합쳐져서 붙여진 이름이라고 한다. 왠지 그럴듯해 절로 고개가 끄덕여진다. 게다가 1980년대 말 전남 홍도에서 미국인 '베리 잉거(Barry R. Yinger)'가 채취해 1993년도에 '잉거비비추(호스타 잉게리, Hosta yingeri)'로 명명했다. 그래서 흑산도비비추는 홍도비비추, 잉거비비추 등으로도 부른다. 백합과에 속하며 식물구계학적 특정식물 Ⅳ등급으로 한 아구에만 분포하는 식물이다. 한국적색목록의 미평가종(NE)이며 해외로 잎 한 장 반출 못 하는 국외반출 승인대상이다. 전남 대흑산도, 소흑산도, 홍도 등 섬 지역에 분포하는 우리나라의 고유종이다.

흑산도비비추의 생태적 특징은 산지 숲속 그늘진 곳에서 자라는 여러해살이풀로 높이는 15cm 정도로 작다. 잎은 광택이 나고, 상록성으로 늘 푸르다. 잎자루는 V자형의 홈이 있고 녹색이며 자색 반점이 약간 있다. 꽃은 8~9월에 피며 옅은 보라색이다. 수술은 6개인데, 3개는 짧고 3개는 길다. 열매는 검정색으로 익는다. 이 종은 꽃차례에 붙는 꽃싸개잎 조각이 녹색으로 개화 및 결실기에도 남아 있으며, 꽃자루는 둥글고, 꽃차례에 꽃이 빙글빙글 돌면서 핀다는 점이 다른 비비추꽃과 다르다.

　　외국에는 찾아볼 수 없고, 남도지역에서만 자라는 흑산도비비추는 미스김라일락, 구상나무와 같이 외국으로 무단 반출된 식물자원 중 하나다. 일제강점기 시절에는 식물학의 기반이 제대로 잡히기 전이라 어쩔 수 없다고 하지만, 최근에 일어난 일련의 일들을 지켜보면 안타까움이 가득하다. 구석구석 우리나라의 고유종들이 외국으로 반출된다는 것이 부끄러운 일이 아닐 수가 없다. 이런 각국의 고유종이 함부로 해외로 반출되지 않도록 「생물다양성협약」은 국제적인 협약을 강력하게 지켜 규제할 것을 권고하고 있다. 우리나라도 국제 흐름에 발맞춰 이에 대한 철저한 대비책을 마련해 정책을 추진해야 한다.

/

후박나무

아름드리 후박나무는 내 고향 남쪽 바닷가에서 꽃보다 아름다운 새순으로 봄을 맞이하고 있다. 묵은 잎은 한겨울을 지나 더욱 짙은 녹색 빛깔로 새순을 빛나게 한다. 새순 사이로 나온 노란색 빛깔의 꽃은 비록 화려하지 않지만 서로 모여 피면서 앙증맞고 향기롭다. 자세히 들여다보면 새순의 고운 빛깔과 꽃향기에 취해서 시간 가는 줄 모른다. 매년 새순이 나올 때와 열매가 열릴 때 후박나무숲이 붉은빛으로 절정을 이루면 더욱 아찔하다. 새파란 하늘과 바다를 배경 삼아 봄과 가을을 온몸 으로 전달하는 후박나무숲을 만나면 그저 가슴 설레고 감탄사가 절로 나오는 듯하 다. 게다가 어릴 적 추억이 남아서 더욱 정감이 간다.

후박나무는 나무껍질이 단조롭고 껍질이 두꺼워서 붙여진 이름이다. 우리나라 에서 후박나무라고 부르는 나무가 후박나무를 포함해 일본목련, 목련 3종류가 있 다. 넓은 잎, 향기가 좋은 큰 꽃이 피는 일본목련과 봄이 오면 제일 먼저 흰꽃을 피 는 목련이다. 이 나무들 모두 한약명으로 '후박(厚朴)'이라고 불린다. 혼동할 수 있 으니 생태도감에도 명확하게 구분해 부르기를 권하고 있다. 후박나무는 녹나무과 에 속하며 식물구계학적 특정식물 Ⅰ등급으로 3개의 아구에 걸쳐 분포하는 식물 이다. 환경부의 국가기후변화 지표종으로 해외로 잎 한 장 반출 못 하는 국외반출 승인대상이다.

생태적 특징은 관속식물로 바닷가, 산기슭 등 낮은 지대에서 자라는 상록활엽수 로 큰키나무이다. 줄기는 높이 20m에 이르며, 줄기 껍질은 어두운 갈색이다. 잎 은 어긋나지만 가지 끝에서 모여 자란 것처럼 보이며, 두껍고 긴 타원형이다. 잎끝 은 급하게 좁아지고, 가장자리는 톱니가 없다. 잎 앞면은 짙은 녹색이고 윤이 나

후박나무 꽃

며, 뒷면은 회색이 도는 녹색이다. 꽃은 5~6월에 잎겨드랑이의 원추꽃차례에 피며, 노란빛이 도는 녹색이다. 열매는 둥글고 이듬해 여름부터 붉은빛이 도는 검은색으로 익는다. 열매 자루는 붉은색, 열매의 살은 녹색이다. 씨는 열매마다 1개씩 들어 있다.

어릴 적 초등학교에 가려면 후박나무숲을 지나가야 했다. 키에 비해 장엄하게 보였던 후박나무는 고개를 뒤로 젖혀야만 그 끝을 볼 수 있을 정도였다. 하늘을 뒤덮은 짙은 나무 그늘에서 후박나무와 함께 등교했던 셈이다. 줄기의 두께는 아이들 네다섯 명이 빙 둘러 에워싸야만 할 정도로 거대하고 두꺼웠다. 우리는 주로 후박나무숲을 초목골이라고 불렀다. 전기도 없었던 시절이라 어둠이 내리면 후박나

ⓒ임윤희

무숲은 한 여름날이라도 어두컴컴하고, 어른들의 장난 섞인 말처럼 귀신이 나올
것만 같은 으스스한 곳이었다. 아이들은 낮에는 학교 가는 길이라 신나는 놀이터
였지만 밤에는 유독 무서워서 그곳을 가기 꺼렸다.

　병치레가 심했던 나는 학업이 부진해 섬마을로 갓 발령받은 여선생님한테 보충
수업을 받아야만 했다. 주로 수업이 끝나고 밤에 만나야 하는데 어김없이 그 초목
골 후박나무숲을 지나가야 했다. 그 당시 어린 나로서는 그곳을 지나가려면 적잖
이 큰 용기가 필요했다. 결국 약속을 지켜야 하는 마음이 더 컸던지라 쩌렁쩌렁한

목소리로 노래를 부르며, 매번 혼자서 그 초목골 후박나무숲을 오고 갔다. 그렇게 자주 다니다 보니 초목골 후박나무숲은 오히려 나의 든든한 수호신으로 친구로 다가왔다. 그해 나는 구구단을 누구보다 잘 할 수 있을 만큼 완전히 익혔다. 한 아이를 키우려면 온 마을이 필요하다는 아프리카 속담처럼 내 어릴 적에 초목골 후박나무숲이 온 마을이라는 생각이 들어 지금도 감사하고 행복하다.

후박나무는 우리나라를 비롯한 일본, 대만, 중국 등에 분포한다. 우리나라에서는 제주도, 울릉도를 비롯해 다도해해상국립공원 내 남부 해안 산지에 주로 있다. 육지에서는 전북 부안군 변산면이 후박나무 북방한계지역으로 변산면 이북에는 후박나무가 분포하지 않기 때문에 학술연구자원으로서 가치를 인정받아 천연기념물 제123호로 지정되어 있다.

내륙지역인 월출산국립공원에서는 후박나무가 분포하지 않는 것으로 알려져 있었으나 성전저수지 인근에서 어미나무(모수)를 발견했다. 발견된 후박나무는 단독으로 출현한 것으로 보고 있다. 치수가 발견되지 않았지만 향후 기후변화로 인해 장기간에 걸쳐 확장될 가능성이 클 것으로 짐작된다. 이제 후박나무를 포함해 국가기후변화 지표종으로 생육지에 대한 지속적인 모니터링과 미래기후변화를 예측해 위기에 처한 지구환경문제를 해결하는데 우리는 책임감을 느껴야 할 때이다.

4. 너를 품고

/

지네발란

지네발란, 이름조차도 생소하다. 보기 쉽지 않은 희귀 야생난초라서 관심 두는 이 아니라면 평생 못 보고 지나칠 가능성이 높은 꽃이다. 게다가 자생지에서 만난다는 것은 간밤에 좋은 꿈을 꾸지 않으면 만나기가 쉽지 않다. 전문가도 발견하기 쉽지 않은 식물로, 산삼과 맞먹는 수준이라고나 할까? 그만큼 귀하다는 의미이다.

처음 지네발란을 만났을 때 나는 큰 바위에 거미줄이 쳐진 줄 알았다. 상록성잎이라 초겨울이라도 파릇파릇할 줄 알았는데 바닷바람과 추위에 약해서 그런지 회색빛으로 생기가 없었다. 줄기 따라 어긋난 잎들은 바위를 품고 최대한 자세를 낮추어 포복하는 지네처럼 보였다. 비록 생기가 없어 쪼그라든 지네발란이었지만, 자생지에서 멸종위기종이 자라고 있다는 것을 확인한 것만으로도 행복했다. 그리고 오매불망 꽃피는 날을 기다렸다. 한여름날 꽃필 때의 모습은 그야말로 환상 그 자체였다. 손톱 크기 만한 연분홍 꽃을 마주하니 한 번 보면 빠져나올 수 없는 그 고운 자태와 생존능력에 감동이 몰려왔다.

지네발란은 바위에 붙어 자라는 모습이 마치 지네가 기어가는 듯하다 해서 붙여진 이름이다. 바위나 나무줄기에 붙어사는 착생난초로 잎은 가늘고 통통하며, 줄기에 잎이 붙은 모습이 기어가는 지네를 닮았다. 이 난초는 관상 가치가 커 불법채취 확률이 높다. 석곡처럼 난초과에 속하며 식물구계학적 특정식물 Ⅴ등급으로 극히 일부 지역에만 분포하거나 희귀한 지역에만 분포하는 식물이다. 한국적색목록의 위기종(EN)이며, 멸종위기식물 Ⅱ급이다.

지네발란의 생태적 특징은 상록성 여러해살이풀로 보기 드문 희귀식물이다. 줄기는 가늘고 길게 뻗으며, 드문드문 가지가 갈라지고 단단하다. 줄기 곳곳에서 굵은 뿌리가 나온다. 줄기 잎은 바위에 붙은 모양이 지네를 닮았다. 잎은 2줄로 어긋나며, 가죽질이며, 가는 손가락 모양의 좁은 피침형으로 딱딱하며 앞면에 홈이 있다. 꽃은 7~8월에 잎겨드랑이에서 1개씩 피며, 연한 분홍색으로 엽초를 뚫고 나와 길이 꽃자루에 달리며 포는 삼각형이다. 꽃받침은 긴 타원형으로 끝이 둔하다. 꽃잎은 꽃받침과 비슷한 모양으로 조금 짧고 옆으로 퍼진다. 입술꽃잎은 아래쪽이 부풀어서 짧고 가운데는 흰색이다. 열매는 곤봉 모양으로 익는다.

지네발란은 착생난초라서 생존능력이 뛰어나다. 물 한 방울 없는 양지바른 바위를 품고 살아가기 때문이다. 바닷바람이 불어오는 곳이라면 더욱 가혹하다. 하지만 이에 굴하지 않고 생명력을 이어간다. 줄기나 잎은 마치 통통한 다육식물처럼 비틀어 메말라 죽지 않고 척박한 환경에서도 살아내는 내성을 지니고 있다. 기어코 해풍이 불어오는 바위절벽 틈새에서 짜디짠 물안개의 습기를 먹고 꽃을 피워 종자번식을 해낸다. 이런 강인한 생명력을 알기에 신경 쓰이는 식물이다. 이젠 사람이 접근하기도 쉽지 않은 곳에서만 일부 생육하고 있기에 학술적인 연구가치가 매우 높은 멸종위기식물이다.

몇 년 전 지네발란을 관찰하기 위해 바위절벽을 기어 올라가야만 하는 상황에 맞닥뜨렸다. 절벽 앞에 서니 심리적인 부담감과 함께 많은 고민과 갈등이 마음속에서 일어났다. 바위 절벽이 수직으로 높게 뻗어있고, 습기가 있어 미끄러웠다. 그렇게 목숨을 위협하는 수고를 감수하고 나서야 지네발란의 생육환경을 조사할 수 있었다. 굳이 이렇게까지 해야 하나 하는 생각이 멸종위기종의 절박한 생육환경을 마주

하면 어느새 간절함으로 변한다. 아는 순간 이해의 수준을 넘어 경이롭고 역동적인 지네발란의 생태에 감동할 수밖에 없다. 게다가 여기서 사라지면 영원히 멸종될 귀중한 생명이라서 더욱 마음이 간절했던 것 같다.

  현재 환경부는 우리나라 멸종위기 야생생물 282종(2022년 12월 기준)을 지정·관리하고 있다. 멸종위기 야생생물 목록은 「야생생물 보호 및 관리에 관한 법률(이하 야생생물법)」에 따라 5년마다 개정하고 있다. 지난 2017년 12월에는 멸종위기야생생물이 267종이었지만 점차 신규로 추가종이 늘어나고 있다. 이들 중 멸종위기식물은 4종이 추가되어 총 92종으로 지정·관리하고 있다. 대부분 개발압력, 불법채취 등으로 서식지가 훼손되어 멸종위기에 처하는 경우가 많다. 특히 멸종위기식물 중

지네발란을 포함해 난초과 식물은 관상가치가 높아 늘 불법채취의 첫 번째 대상으로 손꼽힌다. 멸종위기 야생생물은 포획, 채취, 불법사육, 재배, 판매 등을 할 수 없도록 법이 규제하고 있지만 단속은 쉽지 않다. 생물과 인간은 긴밀한 유기적 공동체로 연결돼 있다. 적어도 멸종위기 야생생물이 지금의 속도로 사라지지 않도록 그 어느 때보다 지구적인 사고가 필요한 때이다.

/

석곡

©임윤희

신안군 흑산면 영산도는 육지에서 멀기도 먼 섬이다. 목포에서 84km, 진도에서 60.4km나 떨어져 있고 대흑산도·소흑산도·대둔도(大屯島)·다물도(多物島)·대장도(大長島) 등과 함께 흑산군도를 이루며 다도해해상국립공원에 속한 섬이다. 이런 외진 곳에 와야만 멸종위기종을 만날 수 있다는 게 안타깝기만 하다.

석곡을 만나기 위해 지역주민의 안내를 받아 운무가 낀 바위를 따라 절벽을 내려가는 길이었다. 사람이 다니는 길이 아닌 흑염소들만이 다니는 길이라 최대한 몸을 낮춰 내려갔다. 멋도 모르고 정신없이 한참을 따라 내려가다 보니 절벽 아래에서 들리는 파도 소리에 가슴이 철렁 내려앉기 시작했다.

석곡은 기암절벽에서도 촛불을 밝히듯 소나무와 돈나무 사이에서 건강하게 꽃을 피우고 있었다. 아름다운 꽃향기에 취해 운무가 걷히는 줄도 몰랐다. 운무가 걷히고 나서야 깎아지른 절벽에 있다는 사실에 깜짝 놀라 다리에 힘이 풀렸다. 영산도 바다 경관은 장관이었지만 그 절경만큼이나 석곡과의 첫만남은 아찔했고, 그 덕분에 석곡을 만난다는 설렘은 평생 잊지 못할 정도로 기억에 남았다.

석곡은 바위틈에 뿌리를 내린다고 해서 붙여진 이름이다. 바위틈에 뿌리를 내려 '석란'이라고 부르기도 한다. 다른 지역에서는 줄기에 있는 마디들이 대나무와 비슷해 '죽란'이라고 부른다. 난초과에 속하며 식물구계학적 특정식물 Ⅴ등급으로 극히 일부 지역에만 고립해 분포하거나 희귀한 지역에만 분포하는 특성이 있는 식물이다. 한국적색목록의 위기종(EN)이며, 멸종위기식물 Ⅱ급이다.

생태적 특징은 상록성 여러해살이풀이며 바위나 나무에 붙어사는 착생식물이다. 우리나라 제주도와 전라도 일대에 자생한다. 잎은 2~3년 살며, 잎이 떨어진 다음 3년째에 흰색 또는 연한 분홍색 꽃이 핀다. 뿌리줄기는 짧고, 많은 뿌리가 나온다. 줄기는 녹갈색이며, 높이는 10~30cm이다. 잎은 2~3년 살며, 어긋나고, 짙은 녹색에 윤기가 있다. 꽃은 2년 전에 나온 줄기 끝에 1~2개씩 달리며, 흰색 또는 연한 홍색, 향기가 좋다. 바위나 나무에 붙어산다.

다도해해상국립공원 중 핵심지역인 흑산도 홍도지역, 특히 흑산도로부터 약 2km 떨어진 곳이 영산도라는 섬이다. 작은 섬으로 마을 주민 이외에는 거의 외부 손길이 미치지 않은 섬이다. 영산도의 석곡은 40여 년 전에는 바위에 많은 양의 부처손과 석곡이 분포했다는 지역주민들의 말이 있었다. 그러나 현재 석곡의 생육지는 사람들 손길이 미칠 수 없는 절벽에 내몰린 개체들만 확인될 뿐이다. 지역주민들의 증언에 따르면 영산도에서 석곡 채취는 자연자원의 가치와 보존 당위성을 알지 못하던 시절 섬 주민들에 의해 남획됐다고 한다. 이후 영산도가 다도해해상국립공원에 속하게 되면서 지역주민들은 석곡을 포함해 영산도 자연자원을 보존하고 복원하는 것이 바람직하다고 생각했다. 이후 지역주민들이 스스로 나서 집에 키우던 석곡을 마을 선착장 바위절벽에 심어 복원했다. 영산도 지역주민들의 이런 노력으로 인해 국립공원 명품마을과 환경부 생태관광마을로 거듭나는 계기가 됐다.

풀 한 포기, 돌 하나라도 반입하거나 반출하지 않도록 영산도 지역주민 전체가 지킴이 역할을 하면서 스스로 마을의 생태자원을 지켜내고 더 나아가 경제적 소득까지 올렸다. 이 자체만으로도 매우 값진 일이었다. 향후 영산도 자연경관을 지금 모습 그대로 보존하면서 체류형 생태관광으로 성공하기 위해서는 외부인들의 관광 유형을 숙박 위주보다는 볼거리와 먹거리 위주의 1일 관광 체제로 활성화하는 방안이 바람직해 보인다.

/

육박나무

명절 이맘때쯤이면 내 고향 남쪽에 사는 육박나무가 떠오른다. 수피 무늬와 푸른 잎이 더욱 선명해 고향 찾는 사람들에게 친근감과 추억을 안겨주기 때문이다. 고흥 나로도, 완도 주도, 저 멀리 제주도 곶자왈도립공원 등에서 다른 상록활엽수림과 함께 자라고 있는 육박나무는 마치 군복을 입은 듯한 얼룩무늬로 사람들의 시선을 사로잡는다. 흰색 바탕에 진녹색 줄기를 가진 육박나무는 피부미인이라고 할 만큼 세련미가 넘쳐난다.

때론 이런 나무의 다양한 피부, 그 속성과 아름다움은 좋은 감정과 함께 추억을 남기기도 한다. 완도 화흥초등학교에서 처음으로 육박나무를 만나고 정도리 자갈밭에서 학생들과 함께 감동의 짜장면을 먹었을 때, 고흥군 애도(쑥섬)의 육박나무를 조사하러 당숲을 헤치고 우람한 16그루의 늠름한 모습을 만나고 나로도 삼치회를 먹었을 때, 폭설이 내리던 날 제주도 곶자왈도립공원에서 육박나무를 만나고 모슬포 방어회를 먹었을 때, 그때마다 느꼈던 행복한 감정과 경험은 남도의 멋과 맛이요, 경관치료를 뛰어넘는 자연과 함께 했던 황홀경이었다. 굳이 육박나무가 아니더라도 마을 나무 한 그루 또는 숲이 좋은 감정과 추억을 생각나게 한다면 고향 찾는 사람들에게 정서적인 지지 또는 감정적 위로이지 않을까 싶다.

육박나무는 '여섯 육(六)', '얼룩말 박(駁)'으로 얼룩말처럼 줄기의 피부가 육각형으로 벗겨진다고 해서 붙여진 이름이다. 피부 조각이 성장하면서 불규칙하게 비늘조각 모양으로 떨어져 나가 회갈색 또는 백색의 얼룩무늬가 남기 때문에 해병대나무, 국방부나무라고도 한다. 녹나무과에 속하며 식물구계학적 특정식물 Ⅲ등급으로 좀굴거리나무, 구상나무와 같이 총 2개의 아구에 분포하고 있다.

육박나무의 생태적 특징은 섬 지역 산기슭에서 높이 20m, 지름 1m 정도로 자라는 상록성 활엽 큰키나무이다. 나무껍질은 검은색을 띠며, 군데군데 나무껍질이 벗겨져 떨어진 자리는 흰색을 띤다. 잎은 어긋나며, 잎몸은 긴 타원형 또는 피침형으로 가장자리는 밋밋하다. 잎 앞면은 진한 녹색이고 털이 없으며, 뒷면은 연한 회색을 띠고 잔털이 있다. 꽃은 8~10월에 암수딴그루에 피며, 잎겨드랑이에서 이삭꽃차례로 노란색이다. 열매는 장과로 둥글며 다음 해 8~9월에 붉게 익는다. 색을 띠고 잔털이 있다. 꽃은 8~10월에 암수딴그루에 피며, 잎겨드랑이에서 이삭꽃차례로 노란색이다. 열매는 장과로 둥글며 다음 해 8~9월에 붉게 익는다.

육박나무를 포함한 우리나라 난대 상록활엽수림은 주로 남부지방과 도서에 일부 분포하고 있다. 특히 마을의 당숲, 당산 등의 민속신앙으로 또는 방풍림, 어부림 등 특정 목적으로 상록활엽수림이 보존되거나 도서벽지 등 협소한 지역에서 자라고 있다. 게다가 난방과 취사를 위한 연료림 채취 등으로 대부분 파괴된 채로 일부만 남아 있다. 이런 이유로 우리나라 남해안 도서지역 상록활엽수림은 지리적 격리, 인위적 간섭과 관리로 종의 이동이 원활하게 이루어지지 않고 있다. 또한 지구온난화로 생물다양성의 절멸 위기에 처할 가능성도 점점 높아지고 있다.

약 20년 전, 난대 상록활엽수림의 극상수종이라고 추정되는 육박나무가 그 당시 완도 주도에만 잔존하고 있는 나무로 알려져 있으나, 내 고향 고흥군 나로도의 애도(쑥섬)에서도 군락으로 발견됐다. 주민들의 삶을 보듬고 살아온 나무가 지닌 의미와 학술·생태적 가치가 높아 천연기념물로 지정해달라고 국가에 제안한 적이 있었으나 쉽지 않았다. 지금도 육박나무가 포함된 난대 상록활엽수림을

고흥 애도(쑥섬)

보면 마음 한쪽에 항상 미안한 감정이 스며든다.

   최근 전남도의 민간정원 1호로 지정된 고흥군 애도(쑥섬)의 상록수림은 '당숲'
으로서 보존되어온 숲이다. 총면적은 약 6,744㎡에 이른다. 이 지역에 육박나무
가 교목층에서 16그루가 우점했으며, 흉고직경 약 70cm에 이르는 나무가 2~3
그루가 자라고 있다. 이런 숲은 극상단계의 상록수림으로 추정되며, 남해안의 다
른 상록수림지역에서 찾아보기 어려운 식물군락으로 학술적 가치와 자연식생 연
구상 가치가 매우 높다고 학계에 보고됐다.

그런데도 여전히 지속적인 보호·관리가 이루어지지 않고 있다. 시간이 지날수록 인위적인 간섭으로 인한 훼손이 우려스럽기만 하다. 게다가 마을주민들과 인근 지역주민들은 당숲으로서 국가의 지속적인 보호관리 및 대책마련을 요구하고 있다. 고향을 찾는 사람들에게 좋은 감정과 추억을 남기고 미래세대까지 물려줄 수 있도록 고흥군 애도(쑥섬)의 육박나무 16그루를 천연기념물 또는 국립공원 특별보호구역으로 지정해 체계적인 관리가 이루어졌으면 한다.

애도(쑥섬)의 난대·상록활엽수림

🍃 '극상수종'이란?

　육박나무는 보기 드문 희귀한 식물로 난대 상록활엽수림의 '극상수종'
으로 추정하고 있다.

　극상수종이란 극상림 즉, 안정된 숲에서 나오는 수종으로 수천 년 동안
살기도 한다. 우리나라 중부지방에서는 서어나무, 졸참나무 등이 있고 남
부지방의 난대 상록활엽수림에서는 구실잣밤나무, 붉가시나무, 참가시나
무, 후박나무 등이다.

　극상수종이 나오기까지는 숲의 천이과정을 거쳐야 한다. 숲 천이는 숲
이 오랜 시간에 걸쳐 일어나는 자연적인 변화로 시간의 흐름에 따라 비
교적 안정적인 상태로 진행되어 가는 현상을 말한다. 이 과정이 적어도
100~200년 정도가 걸리는 데, 극상수종이 나오려면 최소 100년 이상 된
오래된 숲이라고 할 수 있다.

붉가시나무

후박나무

7. 네가 잘 살기를

/

좀굴거리나무

우리나라 최서남단 끝에는 '가거도'가 있다. 중국 산둥반도에서 닭이 울면 그 소리가 들린다는 우스갯소리가 있을 정도로 육지와 외떨어져 있다. 이곳에서 처음으로 자생하고 있는 좀굴거리나무를 만났다. 수목원 또는 식물원에서만 만났던 좀굴거리나무와는 사뭇 다른 자생지에서 만난 잎과 줄기는 반짝반짝하면서 생기 가득한 느낌을 주었다. 육지와는 거리가 멀어 인위적인 간섭이 전혀 없는 곳에서 좀굴거리나무는 자유를 만끽하며 사는 자연 그 자체인 경이로움이었다. 어디서든 쉽게 만날 수 없기에 '네가 잘 살기를' 항상 기도하는 마음이다.

좀굴거리나무는 굴거리나무보다 잎이 작고 엽맥이 조밀하며 잎 뒷면의 그물맥이 융기하는 점과 수꽃에 꽃받침이 있는 점이 다르다. 굴거리나무는 봄철 새잎이 나면 먼저 있던 잎이 떨어져 자리를 넘겨주고 떠난다는 뜻으로 '넘길 교(交)', '사양할 양(讓)', '나무 목(木)'을 써 '교양목'이라고 해서 이름 붙여진 나무이다. 여기에 작다는 의미를 지닌 접두어 '좀'을 붙여서 '좀굴거리나무'라고 불렸다.

굴거리나무과에 속하며 식물구계학적 특정식물 Ⅲ등급으로 구상나무와 같은 총 2개의 아구에 분포하는 식물이다. 전남의 섬 지역과 제주도의 산지에 드물게 자라나서 보기가 어려운 희귀한 나무이다. 반면 굴거리나무는 경북 울릉도, 전북 내장산국립공원, 전남 섬 지역 및 제주도 한라산국립공원 해발 1,000m 이하의 산지에서 넓게 자라 좀굴거리나무보다는 오히려 자주 볼 수 있어 친숙한 편이다.

좀굴거리나무의 생태적 특징은 바닷가 숲속에서 드물게 자라는 상록활엽 작은 큰키나무이다. 줄기는 높이 3~10m, 가지는 굵다. 잎은 햇가지 끝에 모여서 어긋나며, 가죽질, 도피침형 또는 긴 타원형으로 가장자리가 밋밋하다. 잎 앞면은 짙은 녹색, 뒷면은 연한 녹색, 측맥이 8~10쌍 있다. 꽃은 5~6월에 암수딴그루로 피며, 잎겨드랑이에 난 길이 3~6cm의 총상꽃차례에 달리고, 붉은빛이 도는 녹색이다. 굴거리나무에 비해서 잎 길이가 6~12cm로서 작으며, 꽃받침잎이 3~5장이므로 구분된다.

식물은 기본적으로 기온과 수분에 따라 대응범위가 다르다. 이는 숲의 식생대를 결정하는 원인이 되기도 한다. 기온과 강수량의 영향은 숲 식생대를 형성한다. 기온이 올라가면 북반구의 식생대가 남에서 북으로 이동하고 저지대에서 고지대로 이동한다. 평균기온이 섭씨 1℃ 상승할 경우 현재의 기후대는 중위도 지역에서 북쪽으로 150km, 고도는 위쪽으로 약 150m 정도 이동한다고 알려져 있다. 약 100년에 걸친 연구 결과에 따르면 나무의 이동속도는 1년에 2km 정도라고 조사됐다. 즉, 식물의 북한계선이 북진하면서 난대지역 수종들이 수평적으로 북쪽으로 이동한다. 고도의 위쪽으로 분포하면서 숲의 식생대가 변하는 것이다. 게다가 온도변화에 따른 수분 상태 변화는 식물에게 스트레스 요인으로 작용해 수목의 고사율이 높아진다. 결국 기후변화에 따른 숲 식생대의 변화는 수평적으로 북진하고 수직적으로 고도를 높임으로써 고유한 식생들이 생존 위협을 받을 수밖에 없다.

좀굴거리나무나 굴거리나무 등 대부분의 난대지역 식물들은 꽃이 피거나 잎이 나고, 눈을 만들고 잎이 지는 등 생활사가 온도에 민감하게 반응한다. 온도 변화는 식물의 계절적 변화 양상을 교란한다.
이른 봄 온도의 빠른 상승과 겨울 동안 온난일 수 증가로 식물 대부분이 잎을 틔우는 시기와 개화 시기가 매년 일주일 정도 빨라지는 것으로 나타났다. 예를 들어 무등산국립공원에서 자라는 변산바람꽃이 보통 2월 20일 개화 시기라면 2년 전부터 2월 6일 전후로 피고 있다. 이렇듯 매년 꽃피는 시기를 가늠해 때를 놓치지 않고 관찰하기 위해 식물의 계절적 변화 양상에 민감하게 반응해야 한다.

꽃이 핀 좀굴거리나무

지난 겨울 광주를 포함해 전남, 제주도에 폭설이 내렸다. 눈꽃이 핀 한라산국립공원에서 만난 굴거리나무가 잎을 축 늘어뜨린 채로 빨간 잎자루가 애처롭게 버티고 있었다. 몇 년 전만 해도 굴거리나무가 한라산국립공원의 해발 1,000m 이하에 생육했는데, 이제는 해발 1,300m에서도 볼 수가 있다. 섭씨 1℃가 오르면 고도는 위쪽으로 150m가 오른다고 했는데, 약 2배인 300m나 더 이동한 셈이다. 이는 한대성 수종인 한라산국립공원의 구상나무가 점점 밀려나 고사하는 현상과도 관련 깊다.

기후변화로 인해 해발 1,000m 이상인 아고산지대의 식생대는 그 분포지역이 점점 좁아질 게 분명하다. 결국 무등산국립공원 정상부이든 한라산국립공원 백록담이든 그곳의 고유한 식생들은 차츰 사라지고 말 것이다. 무엇보다 기후변화에 따른 숲의 변화는 오랜 시간에 걸쳐 드러나기 때문에 좀굴거리나무 등 기후변화 지표종과 숲 생태계의 장기적인 모니터링이 이루어지도록 지속적인 관심과 노력을 기울여야 할 필요성이 여기에 있는 것이다.

🍃 좀굴거리나무와 굴거리나무

　좀굴거리나무 또는 굴거리나무는 기후 온난화에 따라 북상하는 한반도의 난대 상록활엽수림을 조사·연구하는데 큰 역할을 한다.

　굴거리나무는 전북 정읍 내장산국립공원이 우리나라 북한계선 지역이다. '북한계선(北限界線)'이란 난대식물의 저온 때문에 생기는 생육한계선을 뜻한다. 현재 내장산국립공원 굴거리나무의 생육지는 특별보호구역으로 지정해 출입을 제한하고 지속적인 연구관찰을 진행하고 있다.

　또한 굴거리나무보다 생육지가 협소한 좀굴거리나무는 전남 섬 지역인 완도 신지도와 담양에 묘목을 심어 기후변화에 대응하는 생물다양성 변화를 관찰하고 있다. 좀굴거리나무 또는 굴거리나무가 기후변화에 중요한 지표종으로 중요한 역할을 하기 때문이다. 이처럼 기후변화에 대한 그 분포 범위가 급격하게 바뀌지는 않더라도 우리가 관심을 두고 들여다봐야 할 중요한 환경 현안이다.

한라산의 굴거리나무

좀굴거리나무

/

돈나무

대한민국 최남단에 있는 섬인 마라도에 가면 돈나무가 무리지어 자라고 있다. 원래 마라도는 숲이 울창했다고 한다. 그러나 잦은 개발과 개간 사업으로 인해 숲이 모조리 사라져버려서 지금처럼 탁 트인 모습의 섬으로 변했다. 누군가는 뱀이 많아 일부러 불을 질러 개척했다고도 말한다. 그 숲이 모두 타는데 사흘, 혹은 석 달이 걸렸다는 이야기도 전해진다. 수일이 걸려서 숲이 탄 이유는 돈나무를 포함해 상록활엽수림의 '정유성분'으로 인해 오랜 시간이 걸린 것일 수도 있다. 정유성분은 식물에서 추출하는 특유의 향을 가진 천연 식물성 오일이다. 식물이 외부 환경으로부터 자신을 지키고, 번식과 생존을 위해 스스로 만들어내는 2차 대사 산물로 생화학적 성분으로 이루어진 화학물질이다. 그래서인지 돈나무의 꽃향기를 맡아보면 향긋한 냄새로 인해 저절로 미소가 지어진다. 마치 편백숲에서 금목서 향이 난 듯 나무의 황금시대, 돈나무 세상이 눈앞에 펼쳐진다.

돈나무는 열매에 끈적끈적한 물질이 있어 똥처럼 파리가 꼬인다고 해서 생긴 제주도 방언 '똥낭'에서 유래했다고 한다. 노란 열매에는 붉은 점액이 나오는데 이는 곤충들에게 좋은 먹거리이다. 주로 한겨울에 열매가 맺히기 때문에 벌과 나비보다는 파리들이 주로 전문매개자로 찾아온다. 사람들은 파리가 모여들자 이 나무를 '똥나무'라고 불렀다. 이후 일본인들이 이 나무를 가져가서 품종 개량해 관상수로

키웠다. 똥나무 이름에 익숙지 않은 그들은 이를 '돈나무'라고 했고 이것이 우리에게 돌아온 것이다. 안타까울 수 있지만 국가표준식물 목록에서 제안하는 정식 이름이 돈나무이다. 식물구계학적 특정식물 Ⅰ등급으로 3개의 아구에 걸쳐 분포하는 식물이며 해외로 잎 한 장 반출 못 하는 국외반출 승인대상이다.

돈나무의 생태적 특징은 장미목 돈나무과에 속하고 교목이나 조경수로는 작은키나무이다. 남도 지역 바닷가 산기슭에 나는 상록활엽나무로 높이는 2~3m까지 자란다. 잎은 두꺼우며 표면은 짙은 녹색으로 윤이 나고, 가지 끝에 어긋나게 모여 자란다. 잎은 긴 도란형으로 가장자리는 뒤로 말린다. 백색 또는 황색으로 피는 꽃은 5~6월에 가지 끝에 달린다. 열매는 삭과로 짧은 털이 빡빡하게 나 있고, 연한 녹색이다. 10월에 누렇게 익으면 3개로 갈라지며 종자는 실리콘처럼 끈끈한 점액질에 싸여 있다.

전라남도, 경상남도, 제주도 등 남도 지역에서 잘 자라는 돈나무는 우리나라 여러 상록성 나무 가운데 자연수형이 마치 조형해놓은 듯 가장 아름다운 나무로 손꼽힌다. 5월의 향긋한 꽃향기와 함께 촘촘한 푸른 잎들이 빛이 난다.

특히 한겨울에도 바닷바람이 강하게 불어오는 곳에서 잘 자라기 때문에 다른 나무들의 바람막이 역할을 자처한다. 난온대지역 상록활엽수림의 후박나무나 구실잣밤나무군락의 주연부(추이대)에 잘 자라며, 다른 나무들과 잘 어울리기 때문에 조경수로도 가치가 높다. 염분에도 강하고 잎이 두꺼워서 공해에도 강하다. 싹을 틔우는 맹아력도 왕성하고 전정에도 잘 견딘다. 비록 똥나무라고 부르긴 했지만, 돈나무라고도 불러도 손색이 없을 우리 토종나무이다.

돈나무는 주연부 식생이다. 주연부는 '추이대(ecotone)'라고도 하며, 두 가지 이상의 서로 다른 환경이 만나는 경계부를 말한다. 주연부에서 가장 많이 출현하는 종, 또는 그곳에서 가장 많은 시간을 보내는 종과 주연부 특유 종을 흔히 '주연부 식생'이라고 한다. 숲과 초원, 해양과 육상, 도로와 초지 등 두 가지 이상 생태계가 만나는 주연부는 종다양성과 종풍부도가 높다. 이를 가장자리 또는 주연부 효과라고 하는데 경쟁적인 두 군집 사이에서 내성을 키우면서 살아가는 완충지대는 다양한 서식환경을 제공한다. 그러나 숲의 완충지대는 개발압력으로부터 우선적으로 사라지고 있다. 남도지역 숲과 바다 사이에서 자라는 돈나무가 넓게 생장할 수 있도록 숲과 바다 사이 완충지대를 함께 보전하는 것이 절실하다.

노란 열매가 터지면 빨간 씨앗이 보인다.

돈나무는 바닷바람에도 잘 자라 다른 나무들의 바람막이 역할을 자처한다.

9. 보여다오, 너의 고운 자태
/

대흥란

조릿대가 우거진 소나무숲 아래 대흥란이 꽃대를 올렸다는 소식에 곧장 내달렸다. 지난해 폈던 곳이 아니라 전혀 새로운 장소에서 흰색 바탕에 붉은색 빛깔로 앙증맞게 오는 이를 반겨주었다. 매년 어디에서 필지 몰라 마음먹고 찾아가면 헤매기 일쑤다. 작년에 폈다고 반드시 그 자리에서 핀다는 보장도 없고 꽃대가 올라오기 전까진 흔적조차도 찾을 수가 없다. 그러나 꽃소식은 놓치지 않고 들을 수가 있다.

낮은 저지대에서 주로 피기 때문에 사람들 눈에 띄기가 쉽다. 게다가 귀하신 몸이라 입소문은 어느새 특종으로 바뀐다. 제주도는 무리지어 200여 개체가 생육하고 있다는 인터넷 뉴스가 뜨기도 했다. 비록 이곳에서 핀 대흥란은 대규모 군락이 아닌 4~5개체 정도이지만, 꽃대를 올려 존재감을 드러내 준 것만으로도 반갑고 환영할 일이다.

대흥란은 전남 해남 대둔산 아래 대흥사 부근에서 처음으로 발견되어 지명을 넣어 붙여진 이름이다. 환경부가 1993년에 법정보호종인 멸종위기식물 Ⅱ급으로 지정해 관리하고 있다. 난초과에 속하며 식물구계학적 특정식물 Ⅴ등급으로 극히 일부 지역에만 분포하거나 희귀한 지역에만 분포하는 특성을 가지는 식물이다. 한국 적색목록의 위기종(EN)으로도 지정해 관리하고 있다. 현재 자생지 개발과 무분별한 채취 등으로 개체수가 급격하게 감소하고 있다.

대흥란의 생태적 특징은 부생식물로 부식질이 많은 숲속에서 자란다. 부생식물이지만 줄기와 열매에 엽록소가 있어서 광합성을 한다. 전체에 녹색인 부분이 없다. 뿌리줄기는 길이 15cm 정도이다. 줄기는 곧추서며, 높이는 10~30cm이다. 잎은 막질 비늘잎이 마디에 드문드문 달릴 뿐 녹색 잎은 없다. 꽃은 7~8월에 줄기 위쪽에서 2~6개씩 드문드문 달리며, 흰색 바탕에 붉은 자주색이 돈다. 꽃을 싸고 있는 끝은 뾰족하다. 꽃받침은 긴 타원형이고 입술꽃잎은 자주색 반점이 있는 흰색 또는 노란색으로 3개로 얕게 갈라진다. 열매는 녹색이며 위쪽을 향해 달린다. 우리나라 제주도와 남해안 일대를 비롯해 강원도 삼척까지 분포한다. 또한 내장산 해발 500m 정도의 비탈진 산지 숲에서 자라는 등 내륙지역에서는 극소수 개체가 자라고 있다.

© 임윤희

자연속에서 이유없이 생기는 일은 없다. 대흥란은 신출귀몰한 난초과 식물이다. 난초과는 '착생식물'과 '부생식물'로 구분한다. 착생식물은 바위나 나무줄기에 붙어서 자라고, 부생식물은 땅속에서 곰팡이나 버섯균에 기생해 자란다. 이들의 도움이 없다면 대흥란은 1년이고 10년이고 어디에서 나올지 아무도 모른다. 비가 와야 폭포가 만들어지는 귀신폭포처럼 귀신난초라고 해도 별 무리가 없을 듯하다. 아무리 귀신난초라고 해도 사실 분명한 것은 엉뚱한 곳에서 갑자기 출현하지 않는다는 것이다.

보통 지난해 그 자리에서 나왔다면 반경 500m 이내에서 출현할 가능성이 크다는 사실만 알아도 서식지를 보전하는 길이 보인다. 모든 생물은 이유 없이 갑자기 나타나거나 사라지지 않는다. 이런 특성 때문에 멸종위기식물인 대흥란의 출현은 생태적으로 중요하다. 그 덕분에 서식지는 지켜지고 토양은 비옥해지고 공기가 통하며 숲은 더 넓어질 것이다.

콩짜개란

바람을 가르며 도착한 곳은 바닷가 근처 바위암벽이다. 멀리 보면 작고 아담해 보이지만 막상 눈앞에 보니 거대한 암석 바위이다. 네발로 기어 올라가 까치발을 하고서야 콩만한 잎을 가진 콩짜개란을 만난다. 이끼들 사이에서 꽃은 아직 보이지 않고, 다육질의 건강한 잎만 생기가 넘친다. 어긋나게 달린 잎과 줄기는 거대한 바위를 품고 보일 듯 말 듯한 존재감을 뽐내고 있다.

척박한 바위암벽 틈새에서 거센 바닷바람을 맞으며 자라는 콩짜개란의 생존전략은 그저 놀랍기만 하다. 마침내 품격 있는 꽃을 피우고야 마는 콩짜개란의 놀라운 생명력 앞에 절로 고개가 숙연해진다.

콩짜개란은 꽃잎의 입술 모양에서 유래해 붙여진 이름이라고 한다. 종소명(種小名) 'drymoglossum'이 '숲의 혀'라는 의미이기 때문이다. 환경부가 2012년 법정보호종인 멸종위기식물 Ⅱ급으로 지정해 관리하고 있다. 난초과에 속하며 식물구계학적 특정식물 Ⅴ등급으로 극히 일부 지역에만 분포하거나 희귀한 지역에만 분포하는 특성을 가지는 식물이다. 한국적색목록의 취약종(VU)으로도 지정해 관리하고 있다.

콩짜개란의 생태적 특징은 오래된 나무나 바위에 붙어서 사는 착생식물이다. 우리나라에서는 제주도와 남해안 일대에 일부 분포한다. 관상용 가치가 높아 무분별한 채취 위협에 있으며, 일부 개체군은 이미 소멸한 것으로 보고 있다. 줄기는 옆으로 길게 뻗으며, 2~3마디마다 한 장의 잎이 나온다. 잎은 어긋나며, 두껍고, 다육질, 도란형으로 끝이 둥글고, 밑이 뾰족하다. 양치식물인 콩짜개덩굴 잎과 비슷하다.

꽃은 꽃줄기 끝에서 한 개씩 피며, 연한 노란색이다. 꽃자루는 잎 아래쪽에서 나며, 실처럼 가늘다. 꽃받침은 3장, 끝이 뾰족하고, 노란색이다. 꽃잎은 꽃받침보다 훨씬 작고, 긴 타원형이다. 입술꽃잎은 넓은 피침형, 붉은빛이 나며, 밖으로 굽는다. 열매는 삭과이며, 도란형이다.

멸종위기식물은 야생생물보호법에 따라 허가 없이 채취, 재배, 판매할 수 없다. 콩짜개란은 멸종위기식물로 난초과 식물이다. 관상가치가 높기 때문에 사람들에게 인기가 많다. 국가에서 철저하게 법정보호종으로 지정·관리하고 있지만 단속의 손길이 남도의 섬 구석구석까지는 미치지 못하는 상황이다.

우선 지역주민들이 중심이 된 감시체계와 미래 보호지역 전문가들의 양성 교육 및 활동이 지속적으로 이루어져야 한다. 또한 국립공원 명품마을을 중심으로 마을 생태자원 현황과 생태적 가치의 중요성에 대한 인식전환과 함께 감시단을 구성하고 운영하는 것이 바람직하다. 다도해해상국립공원 영산도 명품마을과 무등산국립공원 평촌 명품마을의 지역주민 감시활동은 그 대표적인 사례라고 할 수 있다.

"알면 보이고 보이면 사랑하게 된다"라는 말처럼 우선 미래세대를 위한 교육도 이루어져야 한다. 보호지역아카데미를 전국 국립공원에서 지속적으로 매년 개최하는 것이다. 이는 미래 보호지역 전문가 양성을 위한 목적으로 보호지역 및 환경·생태 분야에 관심 있는 대학생을 중심으로 운영하는 교육프로그램이다. 보호지역 현황과 국제동향, 보호지역 생물다양성, 지역주민과의 상생협력 등 다양한 주제로 각 국립공원의 현황과 특성을 고려해 특화된 교육프로그램을 운영하는 것이다. 물론 2010년부터 10여 년간 국립공원공단, 한국보호지역포럼, 한국환경생태학회가 공동으로 보호지역 아카데미를 개최했지만, 좀 더 나은 활성화를 위해선 MOU체결을 통한 중장기 로드맵을 수립해 지속성을 갖고 진행하는 것이 필요하다. 콩짜개란을 만났을 때 미래 보호지역 전문가들의 눈이 반짝거리면서 밤샘 토론을 통해 그들이 내놓은 대안은 참신하고 획기적이었다. 이제 개체수가 몇 개 남지 않은 멸종위기생물을 보호하고 지키는 일에 미래세대들과 함께 교육과 토론의 장을 마련하는 지속적인 현장 교육이 시급한 때이다.

그림으로 보는
식물용어

꽃의 생김새

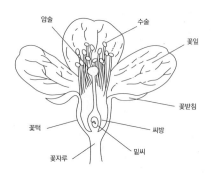

- 암술
- 수술
- 꽃잎
- 꽃받침
- 꽃턱
- 씨방
- 꽃자루
- 밑씨

잎의 생김새

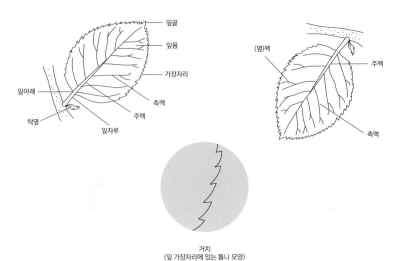

- 잎끝
- 잎몸
- 가장자리
- 측맥
- 잎아래
- 주맥
- 탁엽
- 잎자루
- (옆)맥
- 주맥
- 측맥

거치
(잎 가장자리에 있는 톱니 모양)

잎의 모양

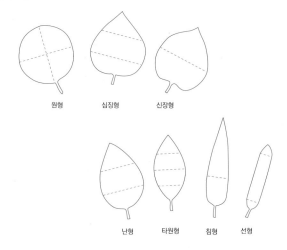

원형   심장형   신장형

난형   타원형   침형   선형

엽연(잎의 가장자리)

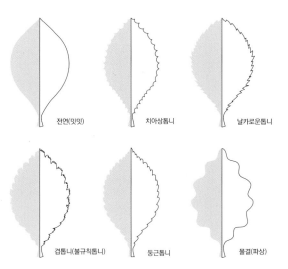

전연(밋밋)   치아상톱니   날카로운톱니

겹톱니(불규칙톱니)   둥근톱니   물결(파상)

관목과 교목

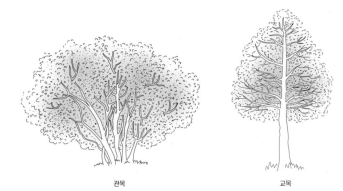

관목   교목

단엽(홑잎)과 복엽(겹잎)   **식물의 샘털(선모)**

   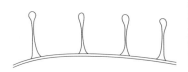

단엽   복엽

열매의 형태

삭과   분열과   견과

한눈에 찾는
식물용어 🌿

거치	잎의 가장자리 모양이 톱날모양으로 생긴 것
관목	교목보다 키가 작고 줄기가 땅위로 여러 갈래로 나오거나, 줄기가 땅 위로 기는 특징
교목	높이가 7~8m 이상 되는 키가 큰 나무
낙엽성	겨울, 건조 등 생육조건이 나쁜 시기에 낙엽이 지고 잎이 없이 지내는 나무
내음성	다른 나무 그늘에서 빛의 양이 부족함에도 잘 견디는 능력
내화피	꽃잎의 위치가 안쪽에 위치하고 꽃받침과 꽃잎을 함께 일컬어 부르는 용어
단자엽식물	외떡잎식물, 자엽이 단수(1매)인 피자식물의 한 종류
덩이뿌리	줄기 일부분이 이상적으로 비대 생장해 다량의 저장물질을 축적한 땅속줄기
두상꽃차례	가장자리의 꽃이 먼저 피고 중앙을 향해 피는 화서로서 머리모양인 꽃차례 (예:부추)
막질	막으로 된 성질
삭과	2개 이상의 심피로 구성된 씨방이 성숙해 익으면 과피가 저절로 벌어져 종자가 흩어지는 열매 (예: 무궁화속, 봉선화과, 메꽃과 등의 과실)
상록성	사계절 내내 푸른 잎을 가진 나무
샘털	선모, 끝이 원형의 샘처럼 된 털
선형	길이가 나비보다 월등히 긴 것
소엽	두 개 이상 잎몸에서 각각의 잎을 일컬어 부르는 용어
수피	나무줄기 가장 바깥쪽 조직으로, 줄기의 코르크 형성층과 같이 죽거나 벗겨짐

아구	식물의 종, 속 등의 분포에 관한 구획을 식물구계라고 하고, 구계를 나눌 때는 높은 단위부터 계(界), 구(區), 아구(亞區), 지구(地區)라는 4단계를 사용하며 아구는 식물의 분포특성에 따라 구분한 지역을 뜻함
아고산대	산림대와 고산대 사이의 식생대로 기온이 낮으며 비와 눈이 많고 강한 바람이 부는 지역
암수딴그루	자웅이주 종자식물 가운데 암꽃과 수꽃이 각각 다른 그루에서 피는 나무
외화피	꽃잎의 위치가 바깥쪽에 위치하고 꽃받침과 꽃잎을 함께 일컬어 부르는 용어
원추꽃차례	꽃차례에서 각각의 꽃을 받치고 있는 자루가 전체적으로 원통모양인 꽃차례 (예: 쥐똥나무)
이삭꽃차례	하나의 꽃대에 마치 이삭처럼 여러 송이의 꽃이 붙어 있는 꽃차례 (예: 질경이)
자생식물	일정한 지역에서 원래부터 자연상태 그대로 생활하는 식물
주아(살눈)	크기가 작은 비늘줄기로 잎겨드랑이나 모서리에 꽃이 피는 자리에 생기며, 이것을 떼어 땅에 심어도 잘 자람
착생식물	다른 물체에 붙여서 살고 있는 식물
총상꽃차례	긴 화서 축에 자루가 있는 꽃들이 달리는 꽃차례 (예: 아까시나무, 등나무 등)
침엽수	겉씨식물 중에서 구과식물에 속하는 수목
포자낭	포자를 싸고 있는 주머니 모양의 생식기관
피침형	창모양처럼 생겼으며, 너비에 비해 길이가 긴 것 (예: 버드나무)
활엽수	속씨식물 중 쌍떡잎식물류에 속하는 나무이며 평평하고 넓은 잎을 가짐

참고문헌 및 출처

(사)한국환경생태학회(2009) 도서해안숲 복원사업 연구보고서. 121쪽

국립공원공단(2012) 제1차 무등산국립공원 보전관리계획. 386쪽

국립공원공단(2016) 무등산국립공원 군부대 주둔지역 복원 종합계획. 328쪽

국립공원공단(2022) 제2차 무등산국립공원 보전관리계획. 314쪽

국립생태원(2020) 내륙습지 조사지침. 국립생태원 보고서. 238쪽

김용식 외 6인(2010) 한국조경수목핸드북. 광일문화사. 363쪽

김용식외 16인(2013) 최신 조경식물학. 광일문화사. 496쪽

김진석, 김태영(2013). 한국의 나무, 돌베개. 688쪽

이창복(2006) 원색 대한식물도감(상,하) 향문사. 914, 910쪽

이창숙, 이강협(2018) 한국의 양치식물. 지오북. 491쪽

http://www.nature.go.kr/kbi/plant/pilbk/selectPlantPilbkDtl.do 국가생물종지식정보시스템

https://species.nibr.go.kr/index.do/ 국립생물자원관, 한반도의 생물다양성

https://www.knps.or.kr/front/portal/visit 다도해해상국립공원 홈페이지

https://www.knps.or.kr/front/portal/visit 무등산국립공원 홈페이지

https://www.knps.or.kr/front/portal/visit 월출산국립공원 홈페이지

https://www.knps.or.kr/front/portal/visit 지리산국립공원 홈페이지

https://www.handokmuseum.com/한독의약박물관 홈페이지

기후위기시대
굿바이 남도풀꽃

발 행 일	2023년 6월 12일
글	김영선
사 진	김영선, 임윤희
편 집	김정현, 김정우
디 자 인	송은경
일러스트	조나영
펴 낸 이	김정현
펴 낸 곳	상상창작소 봄

등록 | 2013년 3월 5일 제2013-000003호
주소 | 62260 광주광역시 광산구 월계로 117-32, 라인1차 상가 2층 204호
전화 | 062) 972-3234 FAX | 062) 972-3264
이메일 | sangsangbom@hanmail.net
페이스북 | facebook.com/sangsangbom
인스타그램 | @sangsangbom

I S B N   979-11-88297-78-8